Monographien zur Chemischen Apparatur
Herausgegeben von Dr. A. J. Kieser
Heft 3

Die chemischen Apparate
in ihrer Beziehung zur Dampffaßverordnung, zur Reichsgewerbeordnung und den Unfallverhütungsvorschriften der Berufsgenossenschaft der chemischen Industrie

Eine gewerberechtliche Studie

von

Hugo Schröder
Direktor bei Friedrich Heckmann, Berlin

Mit 1 Abbildung

(Sonderdruck aus „Chemische Apparatur" 1919/1920)

Springer-Verlag Berlin Heidelberg GmbH
1920

ISBN 978-3-662-33688-5 ISBN 978-3-662-34086-8 (eBook)
DOI 10.1007/978-3-662-34086-8

Ursprünglich erschienen bei Otto Spamer, Leipzig 1920

Inhaltsverzeichnis.

Einleitung.

Der Beginn des industriellen Aufschwunges in Deutschland in den achtziger Jahren und die damit Hand in Hand gehende Zunahme der Benutzung apparativer Hilfsmittel in der chemischen Technik führte infolge mannigfacher, zutage getretener Unzuträglichkeiten in Preußen behördlicherseits bald zu der Erkenntnis, daß eine einheitliche Behandlung solcher Einrichtungen, insbesondere soweit dieses wegen ihrer Gefährlichkeit geboten erscheint, durch entsprechende Bestimmungen im Sinne der Vorschriften für Dampfkessel unerläßlich sei, und so kam zunächst mit dem Jahre 1888 der erste Erlaß über: „Einrichtung und Betrieb von Dampffässern" heraus[4]).

Diese Verordnung enthielt nur 11 Paragraphen und umschrieb den Geltungsbereich des Erlasses durch folgende kasuistische Aufzählung von Apparaten: Als Dampffässer im Sinne der gegenwärtigen Polizeiverordnung gelten: Die Lumpen-, Stroh- und Holzstoffkocher; die Kartoffelkochfässer der Brennereien, der Stärke- und der Stärkezuckerfabriken; die Knochendämpfer der Leim-, Knochenkohle- und Düngerfabriken; die Gefäße zum Vulkanisieren des Gummis; die Ammoniakgefäße der Eismaschinen; ferner die Gefäße zum Ausziehen von Farbhölzern (Farbholzkocher), sowie die Gefäße zum Bleichen oder Dämpfen von Gespinsten und von Geweben aller Art, sofern dieselben bei geschlossener Bauart mit einem höheren als dem atmosphärischen Drucke betrieben werden, und sofern zugleich

---

Fußnoten 1—3 beziehen sich auf den Titel: 1. Dampffaßverordnung, 2. Reichsgewerbeordnung, 3. Unfallverhütungsvorschriften.

[1]) Siehe: Die überwachungspflichtigen Anlagen in Preußen, Band III: Bestimmungen über Einrichtung und Betrieb der Dampffässer. Erläutert von H. Jaeger, Geh. Oberregierungsrat. Berlin 1913, Carl Heymanns Verlag. (Demselben sind auch einige der nachfolgend angezogenen, vom Min. f. H. u. G. gegebenen Erlasse entnommen worden.)

[2]) Gewerbeordnung für das Deutsche Reich. Leipzig, Roßbergsche Verlagsbuchhandlung.

[3]) Unfallverhütungsvorschriften der Berufsgenossenschaft der chemischen Industrie. Zusammengestellt von Dr.-Ing. K. Hartmann, Geh. Regierungsrat, dem Werke: „Hartmann, Sicherheitseinrichtungen in chemischen Betrieben" entnommen. Leipzig 1911, Otto Spamer.

[4]) Polizeiverordnung für sämtliche preußischen Provinzen vom 1. März 1888.

das Produkt aus dem Fassungsraum des Dampffasses in Litern und dem Betriebsdrucke in Atmosphären die Zahl 300 überschreitet.

Die durch weitere Ausgestaltung chemischer Verfahren im Großbetrieb schnell zunehmende Anwendung von unter Überdruck arbeitenden Apparaturen für die verschiedenartigsten industriellen Zwecke gab aber bald der Auffassung Raum, daß durch eine namentliche Nennung einzelner Apparate oder Apparatgattungen der Zweck des Erlasses, im Interesse der Betriebssicherheit zu wirken, nur ein bedingter bleiben könne, und daß deshalb an ihre Stelle charakteristische Begriffsmerkmale für Dampffässer allgemein treten müßten, die eine allseitige Ausdehnung des Erlasses auf die genannten Apparatgattungen gewährleisten. Unter diesen Gesichtspunkten trat darauf in Preußen eine abgeänderte Verordnung im Jahre 1899 in Kraft, und diese wurde wieder auf Grund weiterer Erfahrung und Praxis durch solche vom Jahre 1908 und 1913 ersetzt. Durch diese wiederholten Umwandlungen ist die heute gültige preußische „Normalpolizeiverordnung, betreffend die Einrichtung und den Betrieb von Dampffässern“ mit ihren 25 Paragraphen, den Material- und Bauvorschriften und den Einzelerlassen allmählich zu einem kleinen Buche angeschwollen, dessen Inhalt infolge seines Umfanges nicht ohne weiteres für den praktischen Gebrauch übersichtlich ist. Dieser Umstand und die Tatsache, daß den Bestimmungen von seiten der zur Ausführung des Gesetzes berufenen Instanzen infolge der außerordentlichen Vielgestaltigkeit unserer Industrie nicht selten eine abweichende Auslegung gegeben wird[5]), läßt die in beteiligten Kreisen immer wieder beobachtete Abneigung, sich den bestehenden Bestimmungen zu unterwerfen, und die von Dampffaßbesitzern nur zu oft gestellte Frage, ob dieser oder jener Apparat „konzessionspflichtig“ sei, nur zu begreiflich erscheinen. Fällt es doch zuweilen selbst dem Fachmann, dem Konstrukteur schwer, sich ohne beträchtlichen Zeitaufwand aus den Verordnungen beträchtlichen Umfanges über diese oder jene Frage zuverlässig zu unterrichten; um so mehr, als eine mannigfache Anzahl von Fällen nicht immer eine eindeutige Auslegung der Begriffsmerkmale

[5]) Vgl. Chem. Apparatur 2, 73 (1915): Zur Klarstellung der Berechnung der Blechdicken zylindrischer kupferner Dampf- und Druckfaßwandungen mit innerem Überdruck.

und weiterer Einzelheiten zuläßt. Ganz abgesehen von den zu beobachtenden unterschiedlichen Übungen der verschiedenen Aufsichtsbeamten und außerpreußischer Bezirke.

Die dadurch hervorgerufene Unsicherheit bei der Erbauung und dem Betrieb dieser melde-, prüfungs- und überwachungspflichtigen Apparate und Anlagen, mannigfache, aus den verschiedensten Ursachen entstandene Betriebsunfälle[6]), vereinzelt noch wahrgenommene, nur zu erklärliche Unkenntnis der einschlägigen behördlichen Bestimmungen und andere nicht selten in der Praxis zutage getretene Unzuträglichkeiten lassen es im Interesse der Apparatebauenden und -betreibenden erwünscht erscheinen, hier die wesentlichen Punkte der jetzt geltenden preußischen „Dampffaßverordnung" unter gleichzeitiger Berücksichtigung einschlägiger Bestimmungen anderer Bundesstaaten, der Gewerbeordnung und der berufsgenossenschaftlichen Vorschriften in erläuternder und zusammenfassender Form zu besprechen, um dadurch zur Klärung sich ergebender Fragen beizutragen und dem Ratsuchenden, insbesondere auch dem Chemiker in Ingenieurfragen Aufschluß zu geben und ihn zur Beschäftigung mit solchen anzuregen. Bei der Durchbildung neuer Verfahren und dem Entwurf der dazu benötigten chemischen Apparaturen kann die eingehende Kenntnis dieser Materie gewiß sehr oft wertvolle Dienste leisten.

Aber auch sonst konnte Verfasser nicht selten beobachten, daß manchen Chemikern und Ingenieuren, selbst solchen, die an leitender Stelle stehen, die diesbezüglichen Gewerbegesetze erklärlicherweise oft wenig geläufig sind, so daß trotz Bekanntseins eine Behandlung derselben bei der ihnen für die Praxis zukommenden Bedeutung im Rahmen unseres Themas gewiß dem Bedürfnis mancher Leser entgegenkommen dürfte.

Wie unerläßlich eine Behandlung dieser Materie andererseits generell sowohl wie für Einzelfälle ist, mag aus den Antworten hervorgehen, die Ingenieur Hans Schneider auf eine an verschiedene Überwachungsinstanzen gerichtete Rundfrage in Sachen der Melde- und Überwachungspflicht von Dampf-

[6]) Vgl. Chem. Apparatur **2**, 97 (Beschädigung eines autogen geschweißten Warmwassererzeugers), 107 (Vorsicht beim Bau und Betrieb von Dampfgefäßen), 119 (Explosion eines Knochenextrakteurs), 132 (Unfall mit einem Zellstoffkocher), 155 (Explosion eines Dampffasses) (1915), ferner ebenda **3**, 120 (Explosion eines gußeisernen Dampfgefäßes) (1916).

fässern und Preßluftbehältern sowie hinsichtlich der Zulässigkeit autogener Schweißung an Dampffässern und Druckgefäßen erhielt. Soweit die autogene Schweißung in Frage kommt, sind die Antworten schon[7]) veröffentlicht worden, weshalb hier nur darauf verwiesen sein mag. Den übrigen Inhalt der Antworten geben wir nachfolgend wieder.

Es schreiben:

Magdeburger Verein für Dampfkesselbetrieb, Magdeburg, unter dem 17. August 1917: „Regelmäßige äußere Untersuchungen werden an Dampffässern nicht vorgenommen." [Nach § 16, I u. II der preußischen Dampffaßverordnung von 1913 ist nämlich die regelmäßige Untersuchung der Dampffässer eine innere und eine Prüfung durch Wasserdruck. Die regelmäßige innere Untersuchung ist alle 4 Jahre, die Wasserdruckprobe alle 8 Jahre vorzunehmen, dann aber mit der inneren Untersuchung, wenn möglich, zu verbinden.]

„Preßluftbehälter sind auf Grund der Dampffaßverordnung nicht anmelde- und abnahmepflichtig; in Betrieben, die der Berufsgenossenschaft der chemischen Industrie angehören, müssen sie auf Grund der besonderen Unfallverhütungsvorschriften der Berufsgenossenschaft für den Betrieb von Dampffässern und sonstigen Gefäßen und Apparaten unter Druck vor der Inbetriebnahme einer Prüfung der Bauart, einer Wasserdruckprobe und einer Abnahmeprüfung und später regelmäßig der inneren Untersuchung und der Wasserdruckprobe unterzogen werden." [Preßluftbehälter fallen also in Preußen nicht unter die Dampffaßverordnung, sind jedoch in den Betrieben der chemischen Industrie auf Grund der berufsgenossenschaftlichen Vorschriften für den Betrieb von Apparaten und Gefäßen unter Druck, welche den Bestimmungen für Dampffässer nicht unterliegen, zu behandeln. Die zahlreichen Preßluftbehälter zum Betriebe von Preßluftwerkzeugen usw., die in Maschinenfabriken, Kesselschmieden usw. üblich sind, können hingegen wieder ohne derartige Überwachungsmaßnahmen betrieben werden, weil die Berufsgenossenschaften der Eisen- und Stahlindustrie solche Vorschriften nicht kennt. Indessen kann hier wieder von seiten der Gewerbeinspektion auf Grund des § 120 a ff. der Reichsgewerbeordnung eine Prüfung solcher nicht unter die Dampffaßverordnung fallenden Druckgefäße verlangt werden. Daß

[7]) Chem. Apparatur **6**, 41 usf. (1919).

aber derartige Maßnahmen immer getroffen werden, ist Verfasser seither nicht zur Kenntnis gelangt.]

Bayerischer Revisions-Verein, München, unter dem 22. August 1917: „Gemäß § 36/Ib der bayerischen Verordnung vom 24. November 1909[8]), die Anlegung und den Betrieb von Dampfkesseln und Dampfgefäßen betreffend, unterliegen die Dampfgefäße alljährlich einer äußeren Revision, die jedoch in dem Jahre ausfällt, in dem die innere Revision stattfindet.“ [Während in Preußen innere Revision und Wasserdruckprobe vorgesehen sind, übt man in Bayern alljährlich eine äußere und alle drei Jahre eine innere Revision aus.]

„Preßluftbehälter sind nach der bezeichneten Verordnung nicht melde- und prüfungspflichtig, wohl aber nach den besonderen Unfallverhütungsvorschriften der chemischen Industrie.“ [Hier also die gleichen Verhältnisse wie in Preußen.]

Württembergischer Revisions-Verein, Stuttgart, unter dem 18. August 1917: „. . . daß in Württemberg polizeiliche Vorschriften über die Anlegung und den Betrieb von Dampffässern nicht bestehen, daß aber die Vorschriften der Berufsgenossenschaften zu beachten sind.

Für den Fall, daß württembergische Kesselbesitzer ihre Dampffässer bei uns anmelden, nehmen wir sowohl äußere Untersuchungen wie vollständige Untersuchungen vor und legen im übrigen unserer Überwachung die preußischen Vorschriften zugrunde.“ [In Württemberg hat demnach der Dampffaßbesitzer, soweit er nicht etwa der Berufsgenossenschaft der chemischen Industrie zugehört, freie Wahl, er kann an Dampffässern und Druckgefäßen bauen und betreiben lassen, was er will. Allerdings kann er auf Grund des § 120a der Reichsgewerbeordnung von der Gewerbeinspektion zu Untersuchungen, Druckproben und Bauprüfungen angehalten werden.]

Sächsischer Dampfkessel-Überwachungs-Verein, Chemnitz, unter dem 8. August 1917: „. . . daß Preßluftbehälter nach unseren sächsischen Bestimmungen[9]) zu den

---

[8]) Vorschriften über Anlegung und Betrieb von Dampfkesseln und Dampfgefäßen. München, Carl Gerber, G. m. b. H. Verlagsanstalt.

[9]) Siehe: Schlippe, Im Königreich Sachsen geltende gewerberechtliche Bestimmungen über die Einrichtung, die Errichtung und den Betrieb sowie die staatliche Beaufsichtigung von Fabriken, Werkstätten und ihnen gleichgestellten Anlagen. Leipzig 1906, Roßbergsche Verlagsbuchhandlung.

Druckgefäßen gehören, die vor ihrer Inbetriebnahme der amtlichen Wasserdruckprüfung in gleicher Weise wie Dampfkessel zu unterwerfen und mit Sicherheitsventil und Manometer auszustatten sind. Einer besonderen Genehmigung wie die Dampfkessel zur Aufstellung und Inbetriebnahme bedürfen diese Behälter nicht, auch liegt eine Anzeigepflicht nicht vor.

Zu den Druckgefäßen im allgemeinen werden im Königreich Sachsen auch die Dampfgefäße (Dampffässer) aller Art usw., die in Preußen der Dampffaßverordnung unterliegen, gezählt.“ [In Sachsen fehlt also in den behördlichen Bestimmungen der Begriff „Dampffaß“; man kennt nur „Druckgefäße“ allgemein, die hier, abgesehen von den berufsgenossenschaftlichen Verfügungen und der sich aus dem § 120a ff der Reichsgewerbeordnung ergebenden Wirkung, vor ihrer Inbetriebnahme jedoch einer amtlichen Wasserdruckprüfung in gleicher Weise wie Dampfkessel unterworfen werden müssen. Vorschriften für innere und äußere Untersuchungen laufender Art kennt das sächsische Druckfaßgesetz hingegen nicht.] Der genannte Verein schreibt nun unter dem 21. Oktober 1918 weiter ergänzend: „. . . daß nach Nr. 6a des Regulativs vom 1. April 1892, Ziffer 3, Absatz 6 (Sächs. W. 92) für alle zur Aufnahme gespannter Dämpfe, gespannter Gase oder gespannter tropfbarer Flüssigkeiten bestimmten Gefäße einschließlich der dem Dampfkesselgesetz nicht unterstehenden Kochkessel innere und äußere Untersuchungen zunächst nicht vorgeschrieben sind. Es ist jedoch gegenwärtig eine neue Verordnung für Druckgefäße in Bearbeitung, die voraussichtlich derartige Untersuchungen vorsehen wird, die periodisch und regelmäßig vorzunehmen sind.

Auch bisher haben dann und wann nach den Anordnungen bzw. dem Ermessen der Gewerbeinspektoren schon innere und äußere Untersuchungen stattgefunden, und wir haben solche ausgeführt an den Druckgefäßen, die uns unsere Mitglieder zur Aufsicht unterstellt haben.“

Königliche Gewerbeinspektion, Wurzen, unter dem 9. August 1917: „In Sachsen verlangen die Gewerbeaufsichtsbeamten auf Grund von § 120a der Gewerbeordnung, gemäß Anweisung des Königlichen Ministeriums des Innern, daß sämtliche unter Druckluft stehende Behälter amtlich mit Wasserdruck geprüft werden, unabhängig von der Größe der Behälter und dem Betriebsdrucke.

Mehrere Explosionen von Druckluftbehältern haben das Königliche Ministerium kurz vor dem Kriege veranlaßt, die Gewerbeinspektionen und den Dampfkessel-Überwachungsverein anzuweisen, darüber zu wachen, daß mangelhaft gebaute oder ausgeführte, unter Druck stehende Gefäße nicht mehr aufgestellt werden, und daß jeder Neuaufstellung eines Druckluftbehälters eine Prüfung vorauszugehen hat. Als besonders gefährlich haben sich geschweißte Gefäße erwiesen." [In Sachsen bestehen demnach die strengsten Vorschriften.]

Badische Gesellschaft zur Überwachung von Dampfkesseln e. V., Mannheim, unter dem 31. Oktober 1918: „In Baden sind die preußischen Vorschriften maßgebend. Für Dampf- und Druckgefäße besteht Anzeigepflicht. Besondere Vorschriften werden von Fall zu Fall durch das Großh. Gewerbeaufsichtsamt erlassen. Regelmäßige Untersuchungen der Dampfgefäße finden auf Anordnung des Großh. Gewerbeaufsichtsamtes und der Berufsgenossenschaften nach deren Unfallverhütungsvorschriften statt." [Baden ist demnach der einzige Bundesstaat, in dem Anzeigepflicht für Preßluftbehälter und überhaupt Druckgefäße aller Art besteht.]

Großherzogliche Technische Kommission, Schwerin i. Mecklenburg, unter dem 28. Oktober 1918: „Eine Verordnung bezüglich der Preßluftbehälter besteht hier nicht, da sie nur bei Eisenbahnen Verwendung finden. Dort sind Vorschriften von dieser Verwaltung für Gassammelkessel, Kohlenwasserstoffsammler, Gaskessel und Gaskesselwagen, Druckluftbehälter für Preßluftanlagen und Bremsluftbehälter an Lokomotiven erlassen. Jeder Behälter erhält ein Schild mit folgenden Angaben: Fassungsraum in Litern, bei größeren Kesseln in Kubikmetern, Firma und Wohnort des Verfertigers, laufende Fabriknummer, Jahr der Herstellung, sowie der höchste zulässige Betriebsdruck in Atmosphären. Außerdem muß am Schilde eine stärker hervortretende Fläche angegossen sein, auf die Tag und Jahr der Prüfung und das amtliche Stempel aufgeschlagen sind.

Die Behälter sind vor der ersten Inbetriebsetzung einer Wasserdruckprobe, wie bei Dampfkesseln, zu unterziehen. Nach 8 Jahren sind die Prüfungen zu wiederholen.

Die Dampffässer sind Abnahmen und wiederholten Prüfungen unterworfen. Wir empfehlen Ihnen, das Regierungsblatt Nr. 11, Jahrgang 1904 für das Großherzogtum Mecklenburg-Schwerin von der Bärensprungschen Hofbuchdruckerei in Schwerin zu beziehen. Ferner sind in Mecklenburg Dampfkessel-Überhitzer-Anlagen genehmigungspflichtig und revisionspflichtig. Die Vorschriften enthält das Regierungsblatt Nr. 3, Jahrgang 1914, das die vorgenannte Drukkerei gleichfalls abgibt. Die Dampfkessel-Verordnung enthält Regierungsblatt Nr. 22 von 1910." [Der Technischen Kommission scheint es unbekannt zu sein, daß auch Maschinenfabriken, Kesselschmieden, chemische Fabriken usw. mit Preßluft bzw. Preßluftbehältern arbeiten, z. B. die Schiffswerft „Neptun A.-G.", Rostock. Dann ist Mecklenburg wohl der einzige Bundesstaat, in dem auch Überhitzeranlagen melde- und überwachungspflichtig sind.]

Schon diese wenigen Gegenüberstellungen führen dem Leser ein fast unübersehbares Feld von Abweichungen, verschiedenen Auffassungen und Auslegungen vor Augen, das so recht die sich aus dem bundesstaatlichen Charakter des Deutschen Reiches für die Industrie ergebenden Nachteile beleuchtet. Jeder Bundesstaat hat wieder seine eigenen Ministerien, die die gleiche Materie, jedes für sich, studieren und unabhängig voneinander in Verordnungen kleiden, welche man dann der Industrie zur Nachachtung aufgibt, anstatt sich den Anschauungen einer einzigen Instanz zu unterwerfen. Welche Fülle von Energievergeudungen! Eine Apparatebauanstalt, die die chemische Industrie aller deutschen Bundesstaaten beliefern will, muß also alle diese Einzelgesetze kennen, wenn sie nicht Gefahr laufen will, durch dieselben wirtschaftliche Nachteile erleiden zu müssen, was durch Genehmigungsverweigerung auf Grund irgendeiner bestehenden gewerberechtlichen Bestimmung doch gar zu leicht eintreten kann.

Zur übersichtlicheren Behandlung des Stoffes wollen wir seine Zergliederung in die folgenden 6 Fragen vornehmen, die dann der Reihe nach behandelt werden sollen. Als Grundlage zu ihrer Darstellung wählen wir die preußische Dampffaßverordnung: „Bestimmungen über die Einrichtung und den Betrieb von Dampffässern" (Erlaß des Min. f. H. u. G. vom 5. Mai 1913) als diejenige, deren Geltungs- und Anwendungsbereich zeitlich am ausgedehntesten ist.

1. Welche Apparate fallen unter die Dampffaßverordnung?
2. Welche Apparate fallen nicht unter die Dampffaßverordnung?
3. Wie müssen die Dampffässer gebaut und ausgerüstet sein?
   a) allgemeine Material- und Bauvorschriften.

b) Holz, Gußeisen, Stahlguß, Schmiedeeisen, Kupfer, Aluminium, Blei, Zink, Zinn, Silber und Eisen-Siliziumguß.
c) Befahrbarkeit der Dampffässer.
d) Verschlüsse.
e) Armaturen (Absperrventile, Druckverminderungsventile, Sicherheitsventile, Manometer, Thermometer, Probierhähne und Kontrollflansch.
f) Fabrikschild.

4. Was ist betreffend Anlegung, Prüfung und Inbetriebsetzung von Dampffässern zu beachten?
   a) Anmeldung neuer und alter Dampffässer.
   b) Bauprüfung, Wasserdruckprobe, Inbetriebsetzung und Abnahmeprüfung.
   c) Zuständigkeit der Behörden und Sachverständigen.
5. Was ist betreffend Betrieb und fortlaufende technische Untersuchungen der Dampffässer zu beachten?.
6. Wie werden Befreiungen von den Bestimmungen erwirkt und Zuwiderhandlungen bestraft?

1. Welche Apparate fallen unter die Dampffaßverordnung?

Als Dampffässer im Sinne der Verordnung gelten Gefäße, deren Beschickung der mittelbaren oder unmittelbaren Einwirkung von anderweit erzeugtem gespannten Wasserdampf oder von gespannten Gasen oder Dämpfen, die im Beschickungsraum infolge chemischer Vorgänge oder durch Erhitzung entstehen, ausgesetzt ist, sofern im Beschickungsraum oder dem ihn umgebenden Hohlwandungen ein höherer als der atmoshpärische Druck herrscht oder entstehen kann. Und zwar gelten als Dampffässer im engeren Sinne:

1. geschlossene Gefäße, auf deren Beschickung gespannter Wasserdampf einwirkt, der
   a) anderweitig, oder
   b) im Gefäß selbst erzeugt wird, und zwar durch chemische Vorgänge oder Erhitzung;
2. geschlossene Gefäße, deren Beschickung unter dem Druck von Gasen oder Dämpfen steht, die im Gefäß selbst infolge chemischer Vorgänge oder durch Erhitzung (Dampf oder direkte Feuerung) entstehen;
3. *offene* Kochgefäße mit Dampfdoppelmantel für flüssige Beschickung.

Als *Beschickung bei geschlossenen Gefäßen* sind alle festen und flüssigen (nicht gasförmigen) Stoffe anzusehen, deren Verarbeitung unter dem Einfluß von Dampf, direktem Feuer, heißem Wasser, leicht flüchtigen Lösungsmitteln usw. oder einer chemischen Reaktion im Dampffaß vorgenommen werden soll. Als solche technische Verfahren gelten beispielsweise das Eindampfen von Lösungen in Verdampfern; das Spalten von Neutralfetten zwecks Darstellung von Fettsäuren und Glyzerin; das Dämpfen von Kartoffeln, Getreide usw. in Brennereien, Trocknungsanlagen usw.; das Vulkanisieren von Gummi; das Kochen von Bierwürze in Brauereien; das Bleichen von Garnen usw. Gewöhnlich handelt es sich um periodische (zuweilen auch kontinuierliche) Apparate, deren Beschickung also chargenweise erfolgt. Diese chargenweise Beschickung ist ebenfalls als objektives Merkmal für Dampffässer anzusehen, wie aus dem zur Dampffaßverordnung von 1898 gegebenen ministeriellen Einführungserlaß vom 28. Oktober 1898 hervorgeht.

Daß als „unmittelbare Einwirkung" die Einleitung von Wasserdampf, gespannten Gasen oder Dämpfen irgendwelcher Flüssigkeiten in ein geschlossenes Dampffaß oder die Erhitzung desselben durch direktes Feuer und als „mittelbare Einwirkung" z. B. die Erwärmung der Beschickung durch Dampfmäntel oder Dampfschlangen zu verstehen ist, bedarf wohl keiner weiteren Erläuterung.

In der preußischen Dampffaßverordnung von 1888 und 1898 war lediglich von der Einwirkung von Wasserdampf und direktem Feuer die Rede. Erst in der Verordnung von 1908 wurde erstmalig von Dämpfen im allgemeinen Sinne und von Gasen gesprochen. Durch mehrfach vorgekommene Explosionen von Kalklöschtrommeln in Kalksandsteinfabriken und verschiedenen Autoklaven der chemischen Industrie, in denen ohne oder auch nur bei geringer Zuführung von Wärme gespannte Gase oder Dämpfe durch chemische Reaktionen entstehen, hatte sich nämlich ergeben, daß die Ausdehnung der Überwachungspflicht auch auf diese Gattung von Apparaten geboten sei. Es kommen also gegenwärtig nicht nur mehr Wasserdämpfe, sondern überhaupt Dämpfe und Gase allgemein für die Beurteilung in Frage.

Wichtig für die Feststellung, ob ein Apparat von der Dampffaßverordnung erfaßt wird oder nicht, bleibt dann nicht nur die Höhe des Betriebsdruckes, sondern es gilt auch zu untersuchen, ob überhaupt die Möglichkeit der Entstehung eines Überdruckes vorliegt. Dieses Erfordernis hatte sich aus der Erkenntnis ergeben, daß wohl manche Apparate mit der Atmosphäre in direkter Verbindung stehen, aber die Lichtweite dieser Verbindung nicht ausreicht, um einen hinreichenden Druckausgleich mit der Atmosphäre herbeizuführen, und daß andrerseits manche technische Operationen durch ihre Eigenart zur Verstopfung einzelner Konstruktions- und Rohrleitungsteile von Apparaten zu führen vermögen, wodurch ein gefahrbringender Überdruck entstehen kann. Eine solche Möglichkeit liegt z. B. bei denjenigen Gaswasser-Destillierapparaten vor, denen in gewissen Teilen ihrer Kolonne Kalkwasser zur Entbindung von Ammoniak zugesetzt wird. Durch die sich absetzenden festen Niederschläge sind Verstopfungen gewisser Apparatteile verursacht worden, die zu Explosionen geführt haben. Derartige Apparate würden also den Bestimmungen der Dampffaßverordnung unterworfen werden müssen, was wohl seither kaum allgemein geschieht. Betrachtet man derartige Kolonnen als Dampffässer, würde aber wieder die Verwendung von Gußeisen als Baustoff unzulässig sein, selbst wenn dasselbe mit Rücksicht auf chemische Angriffe als am Platze erscheinen sollte. Einen derartigen Fall verkörpern Kolonnen für den Abtrieb oder die Verstärkung von Ammoniaklösungen; solche Kolonnen, wenn aus Schmiedeeisen hergestellt, werden nicht selten unter dem Einfluß von atmosphärischer Luft angegriffen. Ein weiteres Beispiel stellen die Kolonnenapparate dar, in denen unter Einwirkung von Dampf (etwa 1,3 Atm. Überdruck) Lösungen von Natriumbikarbonat in Monokarbonat umgewandelt werden.

Diese sogenannten Kohlensäureentgaser werden ebenfalls, und zwar unter dem Einfluß der zeitweilig hinzutretenden Luft von der Kohlensäure stark angegriffen. In einem Einzelfalle ist deshalb vom Min. f. H. u. G. in Rücksicht auf diese Betriebsverhältnisse die Verwendung von Gußeisen zu solchen Kolonnen zugelassen worden.

Gußeiserne Kolonnen, die nur mit Spannungen bis zu 0,5 Atm. Überdruck betrieben werden sollen, wird man in ihrem Unterteil daher zweckmäßig mit einem Sicherheitsstandrohr ausrüsten, falls die Entstehung eines gefahrbringenden Überdruckes, z. B. nach Art der vorbeschriebenen mit Kalkzusatz arbeitenden Ammoniakkolonnen im Bereiche der Möglichkeiten liegen sollte. Mit einem solchen Standrohr (siehe unter 2.) versehen, sind sie dann von den Bestimmungen der Dampffaßverordnung frei und bieten größere Sicherheit gegen Unfälle.

Andere ähnliche Verfahren, die die Anwendung eines höheren Dampfdruckes bedingen, setzen natürlich die Einleitung eines entsprechenden Genehmigungsverfahrens von Fall zu Fall voraus, das sich aber oft als sehr langwierig erweisen kann und nicht immer erfolgreich verläuft. Allerdings wäre diesem jedoch entgegenzuhalten, daß es sich z. B. bei den Ammoniak-Destillierapparaten nicht um eine chargenweise Beschickung handelt. Hierauf werden wir später noch zurückkommen.

a) Montejus, sogenannte Flüssigkeitsheber, deren Inhalt mittelst Dampf abgedrückt wird, fallen nach den voraufgehenden Ausführungen unter die Dampffaßverordnung, im Einklang mit mehrfachen Entscheidungen des Min. f. H. u. G. Erfolgt ihr Betrieb mittelst Preßluft, scheiden sie aus dem Geltungsbereich aus, weil die Preßluft (gespanntes Gas) nicht durch Erhitzung oder einen chemischen Vorgang im Beschickungsraum erzeugt wird. Es ist vom Min. f. H. u. G. darauf hingewiesen worden, daß Apparate, in denen Preßluft oder anderweit erzeugtes, gespanntes Gas oder Druck von Flüssigkeiten als Betriebsmittel dienen, nicht unter die Verordnung fallen sollen. (Siehe auch Chem. Apparatur **1**, 148 [1914] und **3**, 76 [1916].)

b) Kondenswasserrückleiter[10]), sogenannte selbsttätige Flüssigkeitsheber, die das Kondenswasser aus Dampfheizkammern von Verdampfapparaten, Heizschlangen usw. periodisch selbsttätig in ein hochstehendes Reservoir drücken, oder z. B. in einen Dampfkessel fördern, oder zur selbsttätigen Förderung anderer Flüssigkeiten (z. B. von Dicksaft in Zuckerfabriken) mittels gespannten Dampfes viel benutzt werden, haben als überwachungspflichtige Anlagen im Sinne der Dampffaßverordnung zu gelten, falls sie nicht wegen ihres geringen Inhaltes (siehe Frage 2) von ihnen ausgenommen werden dürfen.

Diese Kondenswasserrückleiter sind lange Zeit hindurch irrtümlich von den Bestimmungen der Dampffaßverordnung befreit worden.

Zu beachten ist hier ein Erlaß des Min. f. H. u. G. vom 16. August 1909, in dem darauf hingewiesen wird, „daß Flüssigkeitsheber grundsätzlich als überwachungspflichtige Anlagen im Sinne der Dampffaßverordnung zu gelten haben. Dies schließt nicht aus, daß einzelnen Apparaten oder Arten von Flüssigkeitshebern Erleichterungen gewährt werden können,

---

[10]) Chem. Apparatur **5**, 145 usf. (1918).

eines Revisionsbuches bedarf es bei den Apparaten nicht, wenn Gewähr dafür geboten erscheint, daß mit ihrem Betriebe keine erheblichen Gefahren verbunden sind. Es ist der Antrag von beteiligten Firmen gestellt worden, Kondenswasserrückleiter, die dem Dampfkessel selbsttätig heiße Kondensate wieder zuführen sollen und sich von den üblichen Schwimmerkondenstöpfen nur durch ihre geschlossene Bauweise unterscheiden, von der gedachten Polizeiverordnung hinsichtlich des Materials, der Ausrüstung und regelmäßigen Überwachung auszunehmen. Als Baustoff für die Apparate kommt wegen ihrer Form vorwiegend Gußeisen in Betracht, dessen Wandstärke so reichlich bemessen wird, daß die Apparate mit dem zweifachen Betrag der Dampfspannung des zugehörigen Betriebskessels geprüft werden. Die Größe der Apparate ist beschränkt; ihr Durchmesser übersteigt nicht 600 mm, ihr Gesamtinhalt nicht 400 l. Unter diesen Umständen trage ich kein Bedenken, für Apparate bis zu der angegebenen Größe Gußeisen als Baustoff auch weiter zuzulassen, sofern dessen Beschaffenheit als einwandfrei nachgewiesen wird. Dies kann angenommen werden, wenn das Gußeisen nach den Vorschriften für Maschinenguß hoher Festigkeit geprüft wird. Für die Materialprüfungen genügen Werkbescheinigungen und Chargenproben der Abstiche, aus denen die Apparate gegossen werden. Aus der Bezeichnung der Apparate (z. B. mit aufgegossenen Nummern) muß hervorgehen, daß die Apparate zu einer geprüften Charge gehören. Die liefernden Gießereien müssen ihren Bescheinigungen über die Prüfung der Probestäbe Nummernverzeichnisse der Apparate beifügen, für welche die Prüfung gilt. Nebenteile der Apparate, wie Stutzen, Flansche, Steuergehäuse bedürfen der Materialprüfung nicht.

Selbsttätige Kondenswasserrückleiter dieser Beschaffenheit und Größe werden hiernach auf Grund der Dampffaßverordnung (§ 25) von deren Vorschriften unter der Voraussetzung ausgenommen, daß ihre Wandstärken für den zweifachen Betrag der Dampfspannung des zugehörigen Betriebskessels stark genug gewählt, und sie mit diesem Druck vor der Verwendung (amtlich) mittels Wassers geprüft werden. Druckprobebescheinigungen der in anderen Bundesstaaten anerkannten Sachverständigen für die Prüfung von Dampfkesseln sind anzuerkennen. Die Werksbescheinigungen über die Materialprüfung oder beglaubigte Abschriften dieser sind bei der Anlieferung des Apparates beizufügen. Der Anlegung

Bei Kondenswasserrückleitern, die bisher irrtümlich den Vorschriften der Dampffaßverordnung nicht unterworfen und ohne Anmeldung in Betrieb genommen worden sind, ist demnächst die Druckprobe in der angegebenen Höhe nachzuholen, im übrigen aber von dem Materialnachweis abzusehen."

Ferner unter dem 11. August 1911: „Die gleichen Apparate werden neuerdings vielfach zum Heben auch anderer Flüssigkeiten, z. B. von Dicksaft in Zuckerfabriken, benutzt. In einem solchen Falle sind von dem zuständigen Dampfkesselüberwachungsverein Zweifel erhoben, ob den nicht zum Heben von Kondensaten dienenden Apparaten die gleichen Vergünstigungen zugebilligt werden dürfen wie den Kondenswasserrückleitern. Dies ist zu bejahen. Die Bestimmungen sind auf alle zum Heben von Flüssigkeiten dienenden gleichartigen Apparate auszudehnen."

Um sich von den Bestimmungen der Dampffaßverordnung nach Möglichkeit und ohne Gefahr für den eignen Betrieb freizumachen, wird man demnach in vielen Fällen diese Rückleiter als Heber an Stelle anderer Montejus anwenden können. Verfasser tat dieses mit besonderem Erfolg bei den verschiedensten chemischen Apparaturen, z. B. auch an Stelle von Pumpen. Diese Heber bringen in solchen Fällen ebenfalls Vorteile, weil sie keine äußeren beweglichen Teile besitzen, wenig Verschleiß und keine Schmierung bedingen.

c) Extraktoren[11]) für Saaten, Knochen, Rückstände usw., in denen die zu verarbeitenden Stoffe der Einwirkung flüchtiger Lösungsmittel (Benzin, Benzol, Tetrachlorkohlenstoff, Trichloräthylen usw.) ausgesetzt werden, deren Reste nachträglich aus den extrahierten Stoffen mittels gespanntem Dampf ausgetrieben werden, sind als Dampffässer zu behandeln, da mit der Möglichkeit des Entstehens von Dampfüberdruck gerechnet werden muß. Ebenso die Extraktoren für Extraktion pflanzlicher Stoffe (z. B. Farbhölzer) mittels Wasser, soweit dieselben durch Dampf unmittelbar oder mittelbar beheizt werden.

d) Imprägnierkessel[12]) werden meist mit Dampf- oder Luftdruck (etwa 1—2 Atm.) unter wechselnder Anwendung von Flüssigkeitsdruck (bis etwa 7 Atm. und mehr) betrieben (z. B. Imprägnierapparate zum Imprägnieren von Holz mittels Teeröl); sie fallen unter die Dampffaßverordnung, wenn in ihnen Dampf von höherer als atmosphärischer

[11]) Siehe Chem. Apparatur **1**, 210 (1914) u. **4**, 100 (1917).
[12]) Siehe auch Chem. Apparatur **1**, 49 (1914).

Spannung zur Verwendung gelangt, auch dann, falls in ihnen abwechselnd Dampf- und Flüssigkeitsdruck angewendet wird, von denen letzterer der höhere ist. Handelt es sich z. B. um die vorgenannten Holzimprägnierapparate, die gewöhnlich mit Preßluft arbeiten, nachdem die Imprägnierflüssigkeit (das Teeröl) durch Heizschlangen nur bis unterhalb der Siedegrenze der Teeröle erhitzt wird, so daß kein Überdruck entstehen kann, so fallen diese Apparate naturgemäß nicht unter die Bestimmungen der Dampffaßverordnung.

Bei denjenigen Imprägnierapparaten, die abwechselnd unter Dampf- und Flüssigkeitsdruck arbeiten, ist gewöhnlich der Dampfdruck geringer als der Flüssigkeitsdruck. Es hatte sich daher die Frage aufgeworfen, ob dieselben für den geringeren Dampfdruck oder den höheren Flüssigkeitsdruck bestimmungsgemäß zu berechnen seien; sie ist vom Min. f. H. u. G. dahin entschieden worden, daß die Wandungen der Imprägnierkessel, gleichgültig ob der höchste Betriebsdruck mittels Dampfes oder einer Flüssigkeit ausgeübt wird, dem höchsten Betriebsdruck entsprechend zu bemessen seien. Diese Frage war deshalb akut geworden, weil ja Apparate, die unter Flüssigkeitsdruck arbeiten, nicht unter die Dampffässer gehören, so daß angenommen werden konnte, daß im Sinne der Dampffaßverordnung lediglich die Berücksichtigung der Höhe des anzuwendenden Dampfdruckes geboten sein würde. Über Imprägnieren siehe z. B. Chem. Apparatur 2, 63 (1915).

e) Kalksandsteinkessel für die Erhärtung der Steine durch Erhitzen werden meist mittels direkter Feuerung betrieben. Soweit das bei einer bestimmten Temperatur aus den nassen Steinen ausgetriebene Wasser in Form von gespanntem Wasserdampf zum Teil oder ganz während oder nach der Erhärtungszeit zum Betriebe von Dampfmaschinen dient, fallen diese Erhärtungskessel nicht unter die Dampffässer, sondern unter die Dampfkessel, deren objektives Begriffsmerkmal der Umstand ist, daß in ihnen Wasserdampf von höherer als atmosphärischer Spannung zur anderweitigen Verwendung erzeugt wird. Es sind ferner auch Kalksandsteinkessel gebräuchlich, in deren Längsachse ein kurzer Schiffskessel mit rückkehrenden Heizröhren angebaut ist, dessen Dampfraum durch Öffnungen in der gemeinschaftlichen Stirnwand beider Systeme unmittelbar mit dem Erhärtungskessel verbunden ist. Auch diese sind hinsichtlich der behördlichen Bestimmungen als Dampfkessel genehmigungs- und überwachungspflichtig.

f) Feuerlose Lokomotiven. Die Kessel derselben, nach Honigmann oder mit hochgespanntem erhitzten Wasser betrieben, sind demnach ebenfalls als Dampfkessel zu behandeln, weil der in ihnen erzeugte Dampf außerhalb der Kessel verwendet wird.

g) Dampf-Desinfektions- und Sterilisationsapparate geschlossener Bauart fallen unter die Dampffaßverordnung. Als geschlossene Bauarten gelten auch diejenigen, bei denen der Abschluß gegen die Atmosphäre nur aus einer federbelasteten Klappe oder sonst einem sich bei einem gewissen Druck selbsttätig öffnenden Absperrorgan im Dampfaustrittsrohr besteht. Von der Verordnung ausgenommen können sie nur sein, wenn sie eine völlig freie Verbindung mit der Atmosphäre besitzen oder der Verschluß durch ein sogenanntes Sicherheitsrohr (offenes Standrohr, siehe unter Frage 2) gebildet wird, so daß eine Spannung von 0,5 Atm. Überdruck als Maximum gilt. Von einer Erbauerin solcher Apparate war beantragt worden, diese Höchstspannung auf 0,7 Atm. Überdruck heraufzusetzen, und zwar unter der Begründung, daß es in der Sterilisationstechnik üblich sei, Dampftemperaturen von 110° C für die Abtötung von Bakterien und Sporen zu verwenden. Allerdings entspreche 0,5 Atm. Überdruck einer Dampftemperatur von 110,76° C, aber die Einstellung dieser Temperatur erfordere eine zu große Aufmerksamkeit bei der Bedienung, weil geringe Schwankungen zum Abblasen des Sicherheitsstandrohres führen müssen, wodurch der Betrieb eine unzulässige Unterbrechung erfahre.

Diesem Antrag stattzugeben, wurde behördlicherseits abgelehnt mit dem Hinweis, daß die Bewilligung derartiger einzelner Ausnahmen zu unerwünschten Berufungen aus anderen Industrien zu führen vermöge und sich andrerseits die Spannung von 0,5 Atm. Überdruck seit Jahren bewährt habe. Über Desinfektions- und Sterilisationsapparate sind auch a. a. O. Ausführungen enthalten.[13])

h) Pasteurisierapparate. Als solche sind z. B. in Brauereien mit Heiz- und Kühlschlangen ausgestattete geschlossene zylindrische Gefäße für ungefähr 1000—5000 l Inhalt üblich, in denen Bier auf etwa 65° C erwärmt wird; sie sind aus Schmiedeeisen hergestellt und mit Thermometer, Mano-

---

[13]) Siehe z. B. Chem. Apparatur **2**, 42, 43, 57, 58, 123, 194, 239, 240/41, 279, 287 (1915).

meter, Sicherheitsventil und Probierhähnen ausgestattet. Je nach dem Kohlensäuregehalt des Bieres, der angewandten Temperatur und dem freigelassenen Hohlraum steigt der Druck in diesen Apparaten bei der Erwärmung des Inhaltes durch den Austritt der Kohlensäure bis auf 2, ja bis 6 und mehr Atmosphären. Diese Apparate geben ein Beispiel für die Entstehung von Gasen durch Erhitzung, die die Beschickung einem Überdruck aussetzen. Diese Pasteurisierapparate zählen somit zu den Dampffässern.

i) Offene Kochgefäße bzw. Kochkessel mit Dampfmantel. Nach dem Geltungsbereich der Polizeiverordnung zählen diese Kochkessel zu den Dampffässern, denn ihre Beschickung ist flüssig und der mittelbaren Einwirkung von anderweit erzeugtem gespanntem Wasserdampf ausgesetzt, und in dem umgebenden Dampfmantel (Hohlwandung) herrscht ein höherer als der Atmosphärendruck. Sie sind also allesamt als Dampffässer zu behandeln, falls sie nicht infolge zu geringen Inhaltes des Dampfmantels (siehe Frage 2) oder Ausrüstung des letzteren mit einem Standrohr von der Verordnung befreit sind.

k) Geschlossene Kochkessel bzw. Kochgefäße mit Dampfmantel. Nach den Ausführungen unter i) kann ihre Zugehörigkeit nicht zweifelhaft sein; sie zählen zu den Dampffässern. Diese Kochkessel werden meist so betrieben, daß in dem Dampfmantel ein höherer Druck herrscht als im Beschickungsraum, selten umgekehrt. Die Berechnung der Blechdicke der inneren Wandung hat dann nicht auf Grund der in beiden Räumen bestehenden Spannungsdifferenz zu erfolgen, sondern sie ist für den höchsten in Betracht kommenden Druck auf einer der beiden Seiten zu berechnen. Dasselbe gilt auch für die bei solchen Doppelwänden zuweilen zwecks Verringerung der Blechstärken angewendeten Stehbolzen, bezüglich welcher vom Min. f. H. u. G. beispielsweise entschieden worden ist, daß die Stehbolzen zwischen den Doppelwänden eines solchen Kochers, dessen innere Wandung für 5 Atm. Überdruck berechnet war, während in dem Dampfmantel 6 Atm. Überdruck herrschen sollten, hinreichend stark bemessen werden müssen, um den vollen Betriebsdruck aufnehmen zu können.

l) Gußeiserne Apparate mit in den Wandungen eingegossenen Heizschlangen aus Siederohr. Apparate dieses Systems haben seit mehreren Jahren Eingang in die chemische Industrie gefunden. Die in deren Wandungen eingegossenen schmiedeeisernen Heizschlangen sind nicht als Hohlwandungen (Dampfmäntel offener Kochgefäße) im Sinne der Dampffaßverordnung anzusehen, und sofern es sich um offene Kochapparate handelt, unterliegen diese deshalb nicht der genannten Verordnung, und zwar nach mehrfachen Entscheidungen des Min. f. H. u. G. Geschlossene Bauarten müssen hingegen als Dampffässer gelten, wenn in ihnen ein höherer als der atmosphärische Druck herrscht und sie nicht sicher gegen das Überschreiten eines Überdruckes von 0,5 Atm. geschützt sind. Derartige geschlossene gußeiserne Apparate sind aber als Dampffässer nur dann zulässig, wenn nachgewiesen werden kann, daß die Art des Betriebes die Anwendung von Gußeisen als Baustoff unbedingt erfordert.

Ferner ist vom Min. f. H. u. G. bestimmt worden, daß geschlossene Apparate dieser Art, deren Gußmantel nur für einen bestimmten Druck gebaut worden ist, auch in den Heizschlangen mit keinem höheren Druck betrieben werden dürfen, gleichgültig, ob letztere vor ihrer Benutzung in dem Gußstück mit einem höheren Druck geprüft sind, da sich der innere Druck der eingegossenen Heizschlangen auf die Gußwandungen überträgt, letztere daher in ihrer äußeren Haut tatsächlich mit dem vollen Dampfdruck der Heizschlangen beansprucht werden. Über gußeiserne Apparate sind auch schon Mitteilungen erfolgt.[14])

m) Apparate mit Wasserbädern, Apothekerkessel u. a. Bei direkt gefeuerten, für wärmeempfindliche Beschickungen bestimmten Kochapparaten ist vielfach die Anwendung eines Wasserbades üblich. Will man derartige Stoffe bis an die Siedegrenze (100° und mehr) erwärmen bzw. bei einer solchen Temperatur verkochen, ist es für die Erreichung eines angemessenen Wärmeüberganges vom Wasserbad an die Beschickung erforderlich, dem Wasserbad eine entsprechend höhere Temperatur zu erteilen. Dieses setzt ein geschlossenes Wasserbad voraus, so daß ein solcher Apparat dann als Dampffaß anzusehen ist. Als derartige Kessel mit geschlossenem Wasserbad sind auch diejenigen Apothekerkessel anzusehen, deren Deckplatten mit Löchern versehen sind, in die die Töpfe durch Einschrauben, Bajonett- oder Bügelverschluß gehindert werden, sich bei in der Heizplatte entstehendem Überdruck von ihr abzuheben.

---

[14]) Siehe Chem. Apparatur **1**, 230 usf. (1914).

Von den Bestimmungen ausgenommen werden können derartige Wasserbadapparate nur, wenn sie mit Standrohr versehen sind, oder das Wasserbad einen zu geringen Inhalt besitzt (siehe unter Frage 2). Zu bemerken ist, daß feder- oder gewichtbelastete Sicherheitsklappen usw. nicht als Organe für die zuverlässige Verhinderung des Überschreitens eines Höchstdruckes von 0,5 Atm. angesehen werden.

Nun kann man aber diese Apparate von den Bestimmungen der Dampffaßverordnung dadurch befreien, daß man an Stelle des Wasserbades ein höher siedendes Bad setzt, z. B. eine Glyzerinfüllung, Ölfüllung oder unter Anwendung einer höhersiedenden Salzlösung usw.; ein sehr zweckmäßiger und empfehlenswerter Weg.

n) Druckverdampfer (Verdampfapparate, die unter Überdruck arbeiten). Derartige Verdampfer haben in den letzten Jahren mehr und mehr Eingang in die Industrie gefunden, insbesondere zur Verbesserung der Wärmeökonomie chemischer Apparaturen. Arbeiten dieselben als Einkörperapparat derart, daß der in ihnen unter Überdruck erzeugte Dampf (etwa unter Zwischenschaltung eines Sicherheitsventils) direkt in die Atmosphäre entweicht oder in einem Kondensator niedergeschlagen wird, dann gelten diese Verdampfer als Dampffässer im Sinne der Dampffaßverordnung. Anders dagegen, wenn der erzeugte Brüdendampf etwa in einer Kolonne oder weiteren Verdampfern (Mehrkörper- oder Mehrstufenverdampfanlagen) oder dergleichen als Heizdampf ausgenutzt wird, z. B. in Melassebrennereien die mit Verdampfern betriebenen Destillierkolonnen für den Maischeabtrieb. Die Verdampfer dienen hier als Voreindicker für die Melasseschlempe.[15]) Ferner die Mehrkörperverdampfer zum Eindicken von Zuckerlösungen (Saftkocher in Zuckerfabriken), von Kalimutterlaugen in Kaliwerken, Ätznatronlaugen, Zellstoffablaugen und anderen mehr oder weniger wärmeempfindlichen anorganischen oder organischen Lösungen, weiter auch die Mehrstufen-Wasserdestillierapparate. Alle derartige Kocher bzw. Verdampfer sind nicht als Dampffässer anzusehen, sondern gelten als Dampfkessel, weil in ihnen Dampf von höherer als atmosphärischer Spannung erzeugt wird, der außerhalb der Apparate zur Verwendung gelangt.

---

[15]) Vgl. Hugo Schröder, Die Aräometrie als Hilfswissenschaft beim Bau und Betrieb chemischer Apparate, unter „Beispiel zu Formel (34) und (35) und Frage 7" in Chem. Apparatur **1**, 213 (1914).

Sie nehmen daher in der chemischen Industrie eine eigentümliche Sonderstellung ein, indem sie wohl als Dampferzeuger (also Dampfkessel) den Dampfkesselgesetzen unterliegen und folglich als solche zu genehmigen, zu „konzessionieren“, hinsichtlich ihres Betriebes jedoch als Dampffässer zu betrachten sind. Hierzu sei vorausgeschickt, daß Dampffässer nicht der polizeilichen Genehmigung unterliegen, wohl aber sind sie melde-, prüfungs- und überwachungspflichtig. Wir kommen auf diese Sache noch unter Frage 4 zu sprechen.

Mit Rücksicht auf die besondere Bedeutung, die diese Apparategattung für die chemische Industrie besitzt, mögen zwei diesbezügliche Erlasse des Min. f. H. u. G. vom 22. Oktober 1910 und 19. Mai 1911 von besonderem Interesse sein: „Die Saftkocher in Zuckerfabriken sind bislang als Dampffässer behandelt worden, selbst in denjenigen Fällen, in welchen die in ihnen etwa erzeugten gespannten Dämpfe von höherer als atmosphärischer Spannung außerhalb des Kochers verwendet wurden. Nach der im § 1 der allgemeinen polizeilichen Bestimmung über die Anlegung von Landdampfkesseln vom 17. Dezember 1908 enthaltenen Begriffsbestimmung für Dampfkessel läßt sich dieser Standpunkt hinfort nicht mehr vertreten. Saftkocher der vorher angegebenen Betriebsweise müssen vielmehr im Sinne jener Bestimmung als Dampfkessel angesehen werden, gleichgültig ob der in ihnen erzeugte Dampf durch Feuer oder Kesseldampf entsteht. Es ist jedoch anzuerkennen, daß einige der in den allgemeinen polizeilichen Bestimmungen für Dampfkessel vorgesehenen Sicherheitsvorrichtungen insbesondere dann sich erübrigen, wenn die Saftkocher mit Dampf geheizt werden, und daß andere Sicherheitsvorrichtungen, wie die in der Dampffaßverordnung geforderten Reduzierventile, bei Anwendung der allgemeinen polizeilichen Bestimmungen auf diese Druckgefäße in den Genehmigungsbedingungen besonders gefordert werden müßten. Da sich die in der Dampffaßverordnung vorgeschriebenen Sicherheitsvorrichtungen bisher bei den Saftkochern als ausreichend erwiesen haben, und ebenso die dort angeordneten Untersuchungen genügend erscheinen, so genehmige ich auf Grund des § 20, Abs. 2 der allgemeinen polizeilichen Bestimmungen über die Anlegung von Landdampfkesseln allgemein, daß bei Saftkochern mit Dampfheizung von der Anbringung der für Dampfkessel geforderten Sicherheitsvorrichtungen abgesehen wird und an deren Stelle die in der Dampffaßverordnung vorgeschriebenen Sicherheitsvorrichtungen angebracht werden, sowie daß ihre Untersuchungen entsprechend den Vorschriften für Dampffässer gegen Erhebung der für diese festgesetzten Gebühren ausgeführt werden."

Ferner: „Wie schon in dem Erlaß vom 22. Oktober v. J. ausgeführt worden ist, nötigt die im § 1 der allgemeinen polizeilichen Bestimmungen über die Anlegung von Landdampfkesseln vom 17. Dezember 1908 festgelegte Begriffsbestimmung für Dampfkessel dazu, diejenigen Verdampfkörper mehrstufiger Verdampfanlagen, welche Dampf von höherer als atmosphärischer Spannung erzeugen und nach außen abgeben, nunmehr als Dampferzeuger zu behandeln. In Übereinstimmung mit den Wünschen der beteiligten industriellen Kreise lege ich jedoch Wert darauf, daß in Rücksicht auf die bestehenden, durchaus befriedigenden Verhältnisse in dem Genehmigungsverfahren, das für Anlagen, die nach dem Inkrafttreten der allgemeinen polizeilichen Bestimmungen entstanden sind, einzuleiten ist, alle Erleichterungen zu gewähren, zu denen die Behörden ermächtigt sind. Dazu gehört die Berücksichtigung des Wunsches der Industrie, von der Einreichung der Zeichnungen des Aufstellungsraumes und des Lageplanes entbunden zu werden, und des weiteren Wunsches, daß die Aufstellung wie bisher innerhalb der Betriebsräume, ohne die für Kesselhäuser festgelegten Beschränkungen ermöglicht wird. Endlich wird auch tunlichst davon abzusehen sein, bei Ortsveränderungen der Apparate eine erneute Genehmigung nach § 25 der Gewerbeordnung zu fordern. Diesen Gesichtspunkten wird Rechnung getragen, wenn die Apparate ohne Beziehung zu einer bestimmten Betriebsstätte, d. h. als bewegliche, genehmigt werden. Dabei wird von der nicht unzulässigen Voraussetzung ausgegangen, daß ihre Aufstellung mit Rücksicht auf die wechselnden Betriebsverhältnisse von vornherein in der Absicht gelegentlicher Ortsveränderungen der Apparate erfolgt.

Wie inzwischen vorgelegte Eingaben zeigen, werden die in Rede stehenden Verdampfanlagen übrigens nicht nur in der Zuckerindustrie, sondern auch in zahlreichen anderen Gewerbskreisen, insbesondere auch in der chemischen Industrie zum Eindicken von Glyzerin, Laugen, Leim u. dgl. verwendet. Nach eingeholten gutachtlichen Äußerungen liegen keine Bedenken vor, die für Saftkocher der Zuckerindustrie in Aussicht genommenen Erleichterungen auf alle ähnlichen

Apparate auszudehnen und sie mit Ausnahme der Unterstellung unter das Genehmigungsverfahren wie bisher den Bestimmungen für Dampffässer zu unterwerfen. Sollte sich im einzelnen Falle das Bedürfnis geltend machen, kürzere Revisionsfristen für solche Apparate einzuführen, welche starker Abnutzung unterworfen sind, so kann diesem auf Grund des § 18 der Dampffaßverordnung entsprochen werden.

Ich halte es daher für zweckmäßig, Dampferzeuger mehrstufiger Verdampfanlagen künftig ohne Beziehung zu einer festen Bestriebsstätte zu genehmigen, sofern sie dem § 17 der allgemeinen polizeilichen Bestimmungen über die Anlegung von Landdampfkesseln vom 17. Dezember 1908 entsprechen, und genehmige, daß sie von den Bestimmungen der Abschnitte II—V a. a. O. entbunden werden, mit der Maßgabe, daß sie dafür, und zwar auch hinsichtlich des Materials und der Aufstellung, den Vorschriften der Dampffaßverordnung unterworfen werden. Daß mit ihrer Genehmigung als beweglicher Dampferzeuger nicht die Folge verbunden ist, daß die Polizeiverordnung, betreffend Aufstellung, Beschaffenheit und Betrieb von beweglichen Kraftmaschinen, auf die Apparate Anwendung findet, sei nur deswegen erwähnt, weil in einem Bericht auf die Möglichkeit dieser Folgerung hingewiesen worden ist. Ebensowenig bedarf es weiterer Ausführung, daß die durch § 1 a. a. O. bedingte Neuordnung keine rückwirkende Kraft auf Anlagen hat, die vor dem Inkrafttreten der neuen allgemeinen polizeilichen Bestimmungen in Betrieb genommen sind. Auch die Übergangsbestimmungen des § 21 a. a. O. verlieren unter dem Gesichtspunkt ihre Bedeutung, daß Ortsveränderungen der Apparate nicht zu ihrer erneuten Genehmigung führen.“ (Erlaß d. Min. f. H. u. G. vom 19. Mai 1911.)

Der erste Körper mehrstufiger Vakuum-Verdampfanlagen (2, 3, 4 und mehr Verbundkörper) arbeitet sehr oft ebenfalls unter Überdruck, der je nach den Verhältnissen bis zu 1 Atm. und mehr betragen kann. In solchen Fällen ist, was unseres Wissens mangels eingehender Kenntnis der Betriebsverhältnisse nicht immer geschieht, auch dieser erste Körper als Dampfkessel im Sinne der vorstehenen zwei ministeriellen Erlasse zu betrachten und zu behandeln.

o) Destillierapparate. In der chemischen Industrie stellen diese Apparate eine weitverbreitete und für die verschiedensten Zwecke angewandte Gattung dar, z. B. für die Destillation ätherischer Öle, künstlicher Riechstoffe, Fruchtsäfte, Alkohollösungen, Wasser usw. Soweit sie als geschlossene Kochkessel mit angeschlossenem Kühler, der mit der Atmosphäre in offener Verbindung steht, angesehen werden können, etwa im Sinne der Apparate unter k, l und m, ist ihre Stellung zu der Dampffaßverordnung nach den voraufgehenden Ausführungen ohne weiteres klar, so daß sich weitere Erläuterungen hierzu erübrigen dürften.

Aber ein Erlaß des Min. f. H. u. G. vom 14. Januar 1910 erscheint hier von allgemeinem Interesse, weshalb er nachfolgend wiedergegeben sei: „Dampfdestillierapparate, bestehend aus einem doppelwandigen Wasserbade mit direkter Heizung, deren innerer Hohlraum (Beschickungsraum! Verf.) durch einen Helm abgeschlossen ist und mit einer Kühlschlange in Verbindung steht, werden vielfach auch als Dampfentwickler benutzt, indem an das Wasserbad eine absperrbare Dampfleitung angeschlossen wird, welche zwecks Gewinnung destillierten Wassers mit einer zweiten Kühlschlange in Verbindung steht, oder auch den Dampf in den mit Helm abgeschlossenen Destillierraum einzuleiten gestattet, wenn dort Extrakte oder Spritauszüge bei höherer Temperatur abdestilliert werden sollen. Bei dieser Art der Verwendung des Wasserbades, muß dasselbe nach § 1 der allgemeinen polizeilichen Bestimmungen über die Anlegung von Dampfkesseln vom 17. Dezember 1908 als Dampfkessel behandelt werden, es sei denn, daß die Höhe der Dampfspannung mittels eines der a. a. O. im Absatz 3 Ziffer b angegebenen Mittel in zuverlässiger Weise auf 0,5 Atm. Überdruck beschränkt wird.

Außer diesen einfacheren Dampfdestillierapparaten werden neuerdings zum Zwecke der Gewinnung von destilliertem Wasser auch mehrstufige Verdampfer übereinander[16]) oder konzentrisch umeinander[17]) gebaut. Bei diesen Apparaten wird im ersten geschlossenen Verdampfer durch direkte Feuerung oder mittels einer Dampfschlange Dampf von höherer Spannung, je nach der Zahl der Verdampfungsstufen bis zu 2,5 Atm. Überdruck erzeugt. Über oder um den Dampfraum ist der Wasserraum des zweiten Verdampfers angeordnet, an dessen Kühlfläche der Dampf kondensiert. Das Kondensat wird durch geeignet angeordnete Scheidewände im Dampfraume verhindert, in den Wasserraum zurückzufließen, und als destilliertes Wasser abgeleitet. Dieser

[16]) Siehe Chem. Apparatur **4,** 115 (1917), Abb. 18.
[17]) Siehe Chem. Apparatur **4,** 115 (1917), Abb. 19, 20 und 21.

Vorgang wiederholt sich so oft, als die Dampftemperatur noch über 100° hinausgeht (Druckverdampfer siehe unter n dieses Abschnittes. Verf.). Da bei diesen Destillierapparaten kein Dampf außerhalb der einzelnen Verdampfer verwendet wird, so fallen sie nicht unter die Dampfkessel, sondern unter die Dampffässer. Bei den direkt geheizten Säulenapparaten ergibt sich daraus allerdings die mißliche Folge, daß nach der Dampffaßverordnung jeder Verdampfer nur mit Sicherheitsventil und Manometer versehen zu werden braucht, während die Sicherheit des Betriebes mindestens noch am ersten und zweiten Verdampfer die Anordnung eines Wasserstandsglases und einer Speisevorrichtung erfordert. Die Firma hat sich bereit erklärt, diese Einrichtungen anzubringen. Sollten sie im einzelnen Falle nicht vorhanden sein, so werden sie in gewerblichen Anlagen zum Schutze der Arbeiter gegen die Folgen einer eintretenden Explosion auf Grund der §§ 120a ff. Gew.-O., in anderen auf Grund des § 10 II 17 A. L. R. durch polizeiliche Verfügung anzuordnen sein.

Im übrigen muß darauf hingewiesen werden, daß alle Dampf- und Wasserbad-Destillierapparate, obwohl sie durch die Kühlvorlage mit der Atmosphäre in offener Verbindung stehen, anmeldepflichtig und gemäß § 2, Ziffer 5 der Dampffaßverordnung einer Abnahmeprüfung im Betriebe zu unterziehen sind." (Siehe unter Frage 2, 1. Absatz.)

Diese Abnahmeprüfung hat besonders zum Zweck, im Sinne des Geltungsbereiches der Dampffaßverordnung festzustellen, ob im Beschickungsraum ein höherer als der atmosphärische Druck „entstehen kann", derart, daß ermittelt wird, daß eine Steigerung der Betriebsspannung über $^1/_2$ Atm. Überdruck unter keinen Umständen erfolgen kann. Diese Verfügung erscheint Verfasser auch wichtig hinsichtlich der sogenannten kontinuierlich arbeitenden Destillier- und Rektifizierapparate der Brennereien, Spritfabriken, chemischen Fabriken usw. Auch diese sollten demnach, was wohl kaum immer geschehen dürfte, einer ersten Abnahmeprüfung im Betriebe unterzogen werden. Es dürfte hierbei gewiß sehr oft festgestellt werden können, daß der Druck in denselben (namentlich im Unterteil der höheren Kolonnen) trotz offener Verbindung mit der Atmosphäre nicht immer innerhalb der verlangten Grenze gehalten werden kann, also ihre Zugehörigkeit zu den Dampffässern würde ergeben müssen.

p) Unter die Dampffaßverordnung fallen weiter nach kasuistischer Aufzählung: direkt gefeuerte oder mittelbar oder unmittelbar durch Dampf geheizte, geschlossene, im Beschickungsraum unter höherem als dem Atmosphärendruck arbeitenden Autoklaven (z. B. für Fettspaltung); Lumpen-, Stroh- und Holzstoffkocher, Dämpfer für Kartoffel, Mais usw. in Brennereien, Kartoffeltrocknereien, Stärkefabriken usw.; Gefäße zum Vulkanisieren von Gummiteilen; Dämpfer für Knochen, z. B. in Dünger-, Knochenkohle- und Leimfabriken; Extrakteure der Tierkörperverwertungsanlagen, Dekatiergefäße für Tuch- und Hutfabriken und Dampffässer für Stärkezucker, soweit sie die unter den Positionen a—o erläuterten, durch die Dampffaßverordnung gekennzeichneten, charakteristischen Eigenschaften besitzen.

q) Vorwärmer für Wasser und andere Flüssigkeiten bedürfen hier noch der Erwähnung, falls sie durch gespannten Kesseldampf beheizt werden. Je nachdem die flüssige Beschickung frei ausfließen kann oder sich in einem abgeschlossenen Raum befindet, könnte man einen Vergleich mit den vorbeschriebenen offenen und geschlossenen Kochkesseln herleiten, sie würden also unter die Dampffaßverordnung fallen müssen. Hierzu sei ein diesbezüglicher Erlaß des Min. f. H. u. G. vom 22. März 1910 wiedergegeben: „Wenn heute der Sprachgebrauch auch Heißwasserdruckgefäße (Vorwärmer! Verf.), deren Druckhöhe bei einem Versagen des Reduzierventils ohne weitere Vorsichtsmaßnahmen bis zur vollen Höhe der Kesselspannung steigen kann, in den Begriff der Vorwärmer einschließen sollte, so würde an eine eindeutige Begrenzung der Ausnahme im § 2, Ziffer 4 gedacht werden müssen. Im vorliegenden Fall scheint allerdings durch Anordnung eines Sicherheitsventils hinter dem Reduzierventil und eines solchen auf dem Apparat eine Gefahrenmöglichkeit ausgeschlossen zu sein, sofern ersteres Ventil genügend, möglichst dem Rohrquerschnitt entsprechenden Durchgang hat. Unter dieser Vorraussetzung habe ich kein Bedenken, eine Ausnahme auf Grund des § 25 a. a. O. für zulässig zu erachten."

Allerdings ist die Beschickung eines solchen Vorwärmers in Hinsicht auf die durch die Dampffaßverordnung gegebene Begriffsbestimmung der Dampffässer keine chargenweise, doch widerspricht eine solche zeitweise sich erneuernde Beschickung nicht grundsätzlich einer solchen. Solche Frischdampfvorwärmer sind demnach nur dann von der betreffenden Verordnung ausgenommen, wenn sie mit Sicherheitsventil ausgestattet sind und sich bei höherem Betriebsdampfdruck ein solches auch in der zugehörigen Dampfleitung vor dem Apparat befindet, worauf zu achten ist. Ebenso sind:

r) Heißwasseranlagen mit geschlossener Rohrleitung für die Erzeugung von heißem Gebrauchswasser als Dampffässer zu behandeln, weil sie, im Gegensatz zu den ausscheidenden Heizkesseln und Heizkörpern von Zentralheizungen, eine ständig sich erneuernde Beschickung besitzen. Dagegen sind z. B. geschlossene Heißwasserheizungen (sog. Perkinsheizungen für Räume und Apparaturen, letztere in der chemischen Industrie viel angewandt), obwohl in ihnen Hochdruck herrscht, nicht der Dampffaßverordnung unterworfen, weil sie nicht mit chargenweise oder zeitweise sich erneuernder Beschickung arbeiten. Trotzdem Heißwasserheizanlagen der behördlichen Prüfung und Überwachung nicht unterworfen sind, darf man aber keineswegs annehmen, sie seien völlig gefahrlos. Gerade das Gegenteil ist der Fall. Es sei diesbezüglich auf eine in der Zeitschrift des Bayerischen Revisionsvereins, München, erschienene Veröffentlichung verwiesen: E. Höhn, „Explosionen von Dampfbacköfen und Teerdestillations-Einrichtungen." Zeitschrift des Bayerischen Revisionsvereins **21**, 81 usf. (1917). An dieser Stelle kann nur ein Hinweis auf diese für die chemische Industrie wichtige Veröffentlichung erfolgen. Siehe ferner auch: H. Winkelmann, „Die Verwendung von überhitztem (richtiger: erhitztem. Verf.) Wasser als Wärmeübertragungsmittel." Chem. Apparatur **3**, 118 usf. (1916).

Hiermit dürften die hauptsächlich gebräuchlichen Apparate der chemischen und verwandten Industrien in ihrer Charakteristik und ihrer Beziehung zur Dampffaßverordnung genügend gekennzeichnet worden sein, so daß weitere verwandte oder gleiche Fälle, die sich aus der Vielseitigkeit angewandter chemischer Apparaturen immer ergeben mögen, ohne weiteres auf dieser Grundlage verordnungsgemäß eingereiht werden können. Wichtig dabei bleibt immer die Erkenntnis: „Dampffässer im Sinne der Dampffaßverordnung sind Gefäße, deren Beschickung der mittelbaren oder unmittelbaren Einwirkung von anderweit erzeugtem, gespanntem Wasserdampf oder von gespannten Gasen oder Dämpfen, die im Beschickungsraum infolge chemischer Vorgänge oder durch Erhitzung entstehen, ausgesetzt sind, sofern im Beschickungsraum oder den ihn umgebenden Hohlwandungen ein höherer als der atmosphärische Druck herrscht oder entstehen kann." Und nach diesen Gesichtspunkten wird man auch neue oder zweifelhafte Fälle in Verbindung mit den voraufgehenden kritischen Besprechungen meist ohne Schwierigkeiten lösen und beurteilen können; dieses hat natürlich in Verbindung mit den zuständigen Gewerbeaufsichtsbeamten bzw. den behördlichen Sachverständigen zu geschehen, deren Entscheidung zunächst maßgebend ist. Es liegt im eignen Interesse der Industrie, den Geltungsbereich der Bestimmungen nicht unnötig eingeschränkt zu sehen, wenn auch zuweilen Unbequemlichkeiten daraus erwachsen mögen.

Zu bemerken ist noch, daß die Unfallverhütungsvorschriften der Berufsgenossenschaft der chemischen Industrie den Begriff des Dampffasses wie folgt umschreiben: „Dampffässer sind Gefäße, deren Beschickung der mittelbaren oder unmittelbaren Einwirkung von anderweit erzeugtem, gespanntem Wasserdampf oder von Feuer ausgesetzt wird, sofern im Innern der Gefäße oder ihren den Beschickungsraum umgebenden Hohlwandungen ein höherer als der atmosphärische Druck herrscht oder erzeugt wird."

Diese Begriffsfestlegung ist weiterausholend als die der preußischen Dampffaßverordnung. Nach ersterer würde also mancher Apparat noch als Dampffaß gelten, der nach letzterer unzweideutig als ein Nichtdampffaß angesehen werden würde.

2. Welche Apparate fallen nicht unter die Dampffaßverordnung?

Von dem Geltungsbereich der Dampffaßverordnung sollen ausgenommen sein:

1. Gefäße, deren Beschickung aus Gasen oder Dämpfen besteht (z. B. Dampfüberhitzer), Trockenplatten, Trocken- und Schlichtzylinder, Glättwalzen, Röhrenlufterhitzer usw.; 2. offene Gefäße mit Dampfmantel, deren Beschickung nicht flüssig ist; 3. Wasservorwärmer sowie Heizkessel und Heizkörper der Heizungen; 4. Dampffässer unter 50 l Inhalt und solche, bei welchen das Produkt aus dem Beschickungsraum in Litern und der in ihm erzeugenden Betriebsspannung in Atmosphären Überdruck weniger als 300 beträgt; bei offenen, doppelwandigen Kochgefäßen ist der Inhalt und der Betriebsdruck des Dampfmantels maßgebend; 5. Dampffässer, die mit der Atmosphäre durch ein offenes, nicht verschließbares

Rohr oder durch ein Standrohr mit Wasser- oder Quecksilberfüllung in Verbindung stehen, so daß die Spannung im Beschickungsraum — oder bei offenen Kochkesseln im Dampfmantel $^1/_2$ Atm. Überdruck nicht übersteigt. Dampffässer dieser Art sind jedoch einer Abnahmeprüfung im Betriebe zu unterziehen, wobei festzustellen ist, ob die angegebene Spannung nicht überschritten werden kann. Die Abnahmeprüfung ist vom Sachverständigen zu bescheinigen. (Siehe unter Frage 1 o, Destillierapparate.)

Nachfolgend einige kritische Erläuterungen hierzu:

a) Doppelwandige, dampfbeheizte Trockentrommeln, beiderseits offen, z. B. solche für Superphosphat, Braunkohlen, Schnitzel usw., fallen nach Entscheidungen des Min. f. H. u. G. nicht unter die Verordnung, weil sie nicht als „Gefäße" mit flüssiger Beschickung anzusehen sind. Ebenso:

b) Röhrentrockenapparate (System Schulze), bestehend aus geneigt gelagertem, drehbarem Röhrensystem, bei denen sich das Trockengut frei durch die Röhren bewegt und nur der umgebende geschlossene Dampfmantel von etwa 1—2 Atm. Überdruck erfüllt ist, sind Nichtdampffässer. Diese Apparate sind bekanntlich in den Brikett- und Montanwachsfabriken zum Trocknen von Braunkohle sehr verbreitet, ebenso wie für den gleichen Zweck.

c) Tellertrockner, welche gleichfalls nicht als Dampffässer angesehen werden.

d) Doppelwandige Heizplatten können mit den Tellertrocknern (c) verglichen werden; auch sie sind daher von den Bestimmungen der Dampffaßverordnung frei.

e) Vorwärmer für Laugen, Lösungen, Wasser usw., die ohne Überdruck oder in Verbindung mit Vakuumverdampfern arbeiten und als sogenannte Röhrenvorwärmer gebaut sind, deren Röhrensystem von einem gemeinschaftlichen Dampfmantel umgeben ist, werden allgemein nicht als Dampffässer angesehen, weil weder im Beschickungsraum ein Überdruck herrscht, noch der Dampfmantel die zu erhitzende Flüssigkeit (siehe unter Frage 1) doppelwandig (als „Hohlraum") umgibt. Diese Apparate werden vom Min. f. H. u. G. deshalb als weniger gefährlich angesehen, weil beim Aufreißen des Dampfmantels die Flüssigkeit noch besonders eingeschlossen bleibt.

f) Vakuum-Verdampfer (auch Vakuum-Destillierapparate). Nach dem unter e) Gesagten ergibt sich für diese

Apparate, einerlei ob Ein- oder Mehrkörperapparate, ohne weiteres, daß auch sie nicht unter die Dampffaßverordnung fallen können, weil sie unter den gleichen Voraussetzungen arbeiten, soweit sie mit Röhren-, Schlangen-, Platten- usw. Heizkörpern in üblicher Bauart ausgestattet sind. Besonderer Erwähnung bedürfen noch die gußeisernen Verdampf- und Destillierapparate, für die das unter Frage 2i über Standrohre Gesagte zu beachten ist. Vgl. auch unter Frage 1n letzten Absatz, betreffend den ersten Körper mehrstufiger Vakuumverdampfanlagen, soweit er unter Überdruck arbeitet.

Nach dieser behördlicherseits geübten Auffassung wird man daher allgemein zylindrische Dampfgefäße entweder mit sogenanntem Röhrenheizkörper (Vorwärmer usw.) versehen, in dem sich die Beschickung, ohne daß Überdruck entstehen kann, bewegt, oder die als beiderseits offene Gefäße mit Dampfmantel gebaut sind, als nicht zu den Dampffässern zählend ansehen dürfen.

Zu erwähnen sind hier ferner noch:

g) Offene Gefäße mit Dampfdoppelmantel für nicht flüssige Beschickung. Unter Frage 1 wurde gesagt, daß ein Dampffaß vorliegt, sofern im Beschickungsraum eines Apparates oder seinen Hohlwandungen ein höherer als der Atmosphärendruck herrscht und unter Frage 1i, daß auch offene Kochgefäße mit Doppelmantel, deren Beschickung flüssig ist, als Dampffässer gelten. Anders dagegen offene Kessel mit Dampfmantel für nicht flüssige Beschickung. Denn nach dem behördlichen Einführungserlaß zur Dampffaßverordnung vom Jahre 1908 wurde ausgeführt, daß die Einbeziehung offener Kochgefäße mit Dampfmantel für flüssige Beschickung nur deshalb erfolgte, weil erhitzte Flüssigkeiten bei einer etwaigen Explosion des Dampfmantels durch Umherschleudern der Flüssigkeit besondere Gefahren verursachen können.[18]) Es ist daher folgerichtig, daß offene Dampfgefäße für nicht flüssige Beschickung nicht als Dampffässer im Verordnungssinne angesehen werden.

h) Dampfgefäße für geringen Inhalt. Ausgenommen von den Dampffaßbestimmungen sind, wie oben gesagt, Dampffässer unter 50 l Inhalt und solche, bei denen das Produkt aus Inhalt des Beschickungsraumes in Litern $\times$ Betriebsspannung in Atmosphären kleiner als 300 ist. Nach diesen Bestimmungen hat man es demnach in der Hand,

[18]) Vgl. Chem. Apparatur 2, 119 (1915): Explosion eines Knochenextrakteurs.

auch selbst größere offene Kochgefäße mit Dampfdoppelmantel dadurch von den Bestimmungen der Dampffaßverordnung zu befreien, daß man den Doppelmantel mit sehr geringem Inhalt ausführt. Ein Doppelmantel für 4 Atm. Betriebsdruck kann also bis 75 l Inhalt aufweisen, ohne als Dampffaß angesehen zu werden. Man kann sich leicht ausrechnen, wie groß solche Kochkessel noch sein dürfen, wenn man den äußeren Dampfmantel (Hohlraum) nur in einem Abstand von 15—20 mm vom Innenmantel vorsieht, anstatt etwa 40—60 mm und mehr, wie vielfach üblich. Auch der geringere Abstand von 15—20 mm dürfte in den meisten Fällen für die Dampfverteilung genügen und infolge höherer Dampfgeschwindigkeit eine bessere Wärmeübertragung sichern als weitere Dampfmäntel, in denen der Dampf fast stagniert.

Auch die kleineren Apparaturen sollte man, selbst wenn sie ohne Überwachung im Sinne der Dampffaßverordnung betrieben werden dürfen, stets von zuverlässigen Apparatebauanstalten ausführen lassen, da auch sie bei mangelhafter Bauart und Ausführung zu mannigfachen Gefahren für das Bedienungspersonal Anlaß zu geben vermögen. Anträge auf schärfere Heranziehung dieser kleinen Apparaturen sollen bisher von den Überwachungsinstanzen nicht eingebracht worden sein.

i) Sicherheitsstandrohre an als Dampffässer geltenden Apparaten und offene Verbindung von Apparaten mit der Atmosphäre. An chemischen Apparaturen mit offener Verbindung zur Atmosphäre sind seither 3 Bauarten hervorgetreten, die sich wie folgt gruppieren lassen:

a) Apparate für Betrieb mittels strömendem Dampf, der nach Durcheilung des Apparatinnern durch eine Öffnung oder einen Rohranschluß (ohne Zwischenschaltung irgendeines Absperr- oder Drosselorganes) frei an die Atmosphäre tritt (z. B. Desinfektionsapparate für strömenden Dampf; sie sind beispielsweise in den letzten Jahren in fahrbarer Bauart in großer Anzahl für das Feldheer hergestellt worden; ferner z. B. Destillationsblasen für die Verarbeitung von Ölschiefer mittels direkter Feuerung und Einblasen von überhitztem Wasserdampf usw.).

b) Destillationsapparate, bestehend aus Blase (Kolonne) und Kühler, der durch das Luftrohr offene Verbindung mit der Atmosphäre besitzt (z. B. Destillationsapparate für ätherische Öle, Benzol, Benzin usw.).

c) Chemische Apparate aller Art mit Sicherheitsstandrohr zur Begrenzung des Überdruckes auf $^1/_2$ Atm. (z. B. gußeiserne Verdampfer).

Bezüglich der unter a und b genannten Apparate ist hinsichtlich ihrer Konstruktion nichts Besonderes hervorzuheben, denn sie werden nicht als Dampffässer betrachtet, sind also der Melde-, Prüfungs- und Überwachungspflicht nicht unterworfen. Voraussetzung ist allerdings, daß die freie Verbindung mit der Atmosphäre einen genügenden Querschnitt aufweist, so daß der Ausgleich mit der Atmosphäre so vollständig und sicher erfolgt, daß ein Überdruck bis zu $^1/_2$ Atm. keinesfalls überschritten wird. Sollte dieses doch der Fall sein, so bleibt der betreffende Apparat ein Dampffaß, und zwar auch dann, wenn das Druckausgleichrohr zur Atmosphäre zwar weit genug, aber mit einer federbelasteten oder von Hand regelbaren Klappe oder gar einem Schieber oder Hahn usw. versehen ist. (Vgl. dieserhalb Frage 1g, Dampfdesinfektions- und Sterilisationsapparate.)

Etwas eingehenderer Behandlung bedürfen hierorts die mit Standrohr ausgerüsteten, chemischen Apparate bzw. die Standrohre selbst, weil sie der Technik unter Umständen ein sehr erwünschtes und lange noch nicht hinreichend oft benutztes Mittel zur Befreiung einer Apparatur von den Bestimmungen der Dampffaßverordnung an Hand geben. Wir wollen uns deshalb mit dem Standrohr und seiner Konstruktion entsprechend näher beschäftigen.

Eine viel gebräuchliche, einfache Bauart eines solchen Sicherheitsstandrohres veranschaulicht Abb. 1 im Querschnitt, worin *a* das eigentliche Standrohr darstellt; *b* ist das am oberen Ende des Standrohres befindliche Sammelgefäß, *c* ein Rücklaufrohr, *d* ein Überlaufrohr, *e* ein Wasserfüllrohr für *b*, *f* ein Wasserstandglas, *g* eine Scheidewand in *b*, die das Herausschleudern des Wassers aus *b* bei Eintreten von gefahrbringendem Überdruck verhindert; *l* ist der Anschlußstutzen für die Standrohreinrichtung an dem gegen unzulässigen Überdruck zu sichernden Apparat.

Wir gehen zunächst von der Inbetriebsetzung der Standrohreinrichtung aus. Man läßt durch *e* soviel Wasser zutreten, bis der Wasserinhalt in *b* bis an den Überlauf *d* gestiegen ist, was man am Wasserstandsglas *f* beobachten kann. Jetzt öffnet man den in dem Rücklaufrohr *c* befindlichen Absperrhahn, worauf der Inhalt von *b* in den U-förmigen Schenkel des Standrohres eintritt. Dieser U-Schenkel ist so zu bemessen, daß der sich nach dem Gesetz der kommunizierenden Röhren in beiden Schenkeln etwa bei *k* einstellende Wasserspiegel noch unterhalb des Anschlußstutzens *l* bleibt, so daß das Wasser im Ruhestand des zu sichernden

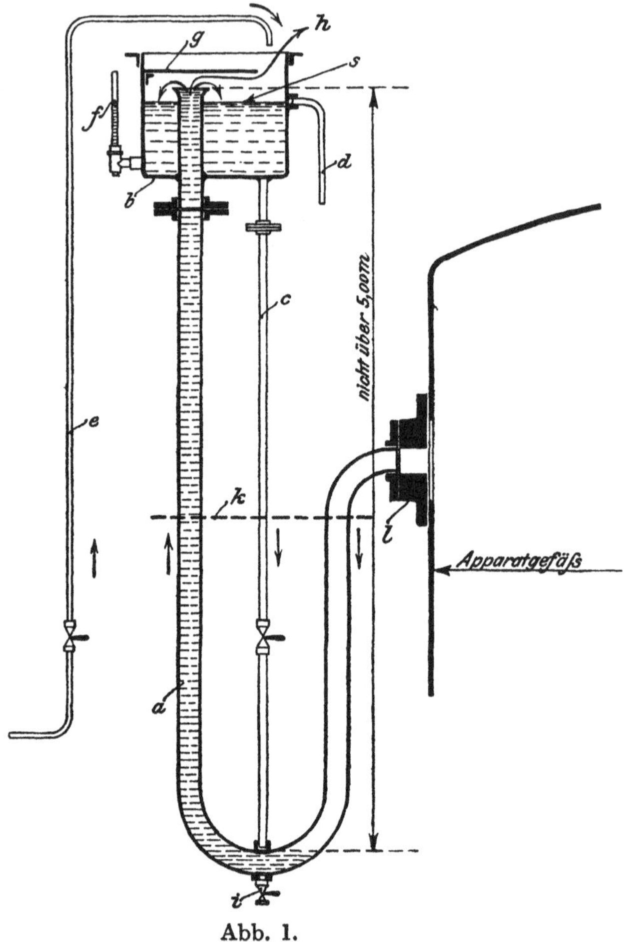

Abb. 1.

Apparates nicht in diesen eintreten kann. Der durch Überlauf *d* fixierte Wasserspiegel *s* im Kasten *b* ist so zu bemessen, daß der Kasteninhalt gerade zur einmaligen Füllung des langen aufrechten Schenkels von *a* genügt, wie dieses der Querschnitt des Standrohres darstellt.

Im Ruhezustand des zu sichernden Apparates stellt sich, wie zuvor gesagt, die Flüssigkeit in beiden Schenkeln etwa bei *k* ein. Entsteht nun im Apparat ein Überdruck, so teilt sich dieser durch den Stutzen *l* dem Standrohr bzw. dessen Inhalt mit. Das Wasser tritt dadurch aus der Ruhelage *k* und wird bei zunehmendem Druck mehr und mehr in den 5 m hohen, aufrechten Schenkel des Standrohres *a* gedrückt. Bei Fortsetzung der Drucksteigerung muß auch das Druckmittel (Dampf, Gas o. dgl.) in entsprechender Menge in den genannten Rohrschenkel eintreten, das Wasser vor sich hertreibend. Dieses hat zur Folge, daß das Wasser aus dem Standrohr herausgedrückt und unter Einfluß der Scheidewand *g* in den Kasten *b* fällt, den es nun, abgesehen von einer etwaigen Zunahme durch gebildetes Kondenswasser, wieder bis an den Überlauf *d* ausfüllt. Vorhandener Überschuß fließt durch *d* ab. Der im Apparat vorhandene Überdruck kann nunmehr ungehindert durch das Rohr *a* in Richtung *h* entweichen, bis ein Ausgleich auf niedrigere Spannung erfolgt ist, genügende Weite des Standrohres vorausgesetzt.

Die dadurch erfolgte Betriebsunterbrechung beseitigt man durch Öffnen des Hahnes in der Rücklaufleitung *c*, worauf sich das Wasser zunächst wieder etwa in der Lage *k* einstellt. Die Einrichtung läßt sich auch so ausbauen, daß der Rücklauf dauernd geöffnet bleibt, bei einem Durchschlagen des Standrohres der Inhalt von *b* also sogleich selbsttätig wieder nach *a* zurückfließt. Außerbetriebsetzung der Standrohreinrichtung erfolgt durch den Hahn *i* an der tiefsten Stelle der Einrichtung.

Man kann den Sammelkasten *b* auch geschlossen ausführen mit einem entsprechend weiten, über das Dach geführten Entlüftungsrohr, wodurch man das Austreten lästiger Dämpfe in den Apparateraum beim Durchschlagen vermeiden kann. Es empfiehlt sich dann aber, eine Vorrichtung vorzusehen, die einen erfolgten Durchschlag des Standrohres der Bedienung anzeigt.

Wählt man für die Einrichtung eine Wasserfüllung, was wohl meist geschieht, so darf, wenn der Druck von $^1/_2$ Atm. nicht überschritten werden soll, der Schenkel *a* des Standrohres höchstens eine Höhe von 5 m aufweisen, wie dieses die Zeichnung veranschaulicht. Es ist aber nicht Vorschrift, daß eine Wasserfüllung verwendet werden muß. Man kann auch jede andere, leichtere oder schwerere Flüssigkeit verwenden. Wichtig ist nur, daß sie unter dem Einfluß der Wärme nicht etwa der Verdampfung unterliegt, d. h., daß sie einen entsprechend hohen Siedepunkt aufweist. In der Dampffaßverordnung ist allerdings nur Wasser oder Quecksilber vorgesehen.

Steht eine Raumhöhe von 5 m und mehr zur Verfügung, wird man wohl der Einfachheit und Billigkeit halber immer Wasser als Füllmittel verwenden. Bei geringer Raumhöhe sind spezifisch schwere Flüssigkeiten am Platze, z. B. wählt man vorteilhaft Quecksilber, das infolge seines sehr hohen spez. Gewichtes (13,59 bei 0° C) ein Standrohr von sehr geringer Höhe anzuwenden ermöglicht, nämlich:

$$\frac{5,0}{13,59} = 0,368 \text{ m}.$$

Daß ein solches Standrohr hinsichtlich seiner Bauart und Wirkung in bezug auf die Dampffaßverordnung auch einige technische Bedingungen zu erfüllen haben muß, leuchtet ein; untersuchen wir, welche.

Für die Standrohre gelten zunächst auch die unter diesem Abschnitt i zu Absatz a und b gegebenen Erläuterungen, d. h. es dürfen sich in dem Standrohr keine irgendwie gearteten Absperrorgane befinden, die ja irrtümlicherweise geschlossen sein können und das Standrohr als Sicherheitseinrichtung zwecklos machen. Hierzu sei ein nicht allgemein gültiger Einzelerlaß des Min. f. H. u. G. vom 7. März 1910 angeführt: „Die von Ihnen durch Zeichnung und Beschreibung erläuterten kastenförmigen Dampffässer zum Dämpfen von Fleisch, deren Höchstinhalt 1580 l und deren Dampfspannung 0,15 Atm. beträgt, während der unter dem Dämpfer angeordnete, mit Dampf von 6 Atm. Überdruck geheizte Doppelboden einen Inhalt von 21 l hat, fallen unter die Ausnahmebestimmung der Dampffaßverordnung, sofern Gewähr dafür vorliegt, daß die Spannung im Dämpfraum den vorgesehenen Druck von 0,15 Atm. nicht überschreiten kann. Der dafür vorgesehene, einen Wasserabschluß von höchstens 1,5 m Höhe bildende Oberflächenkondensator, der mit der Atmosphäre in offener Verbindung steht, kann zwar als Standrohr im Sinne der Dampffaßverordnung angesehen werden, zumal die Lichtweiten der ihn oben und unten mit dem Sterilisator verbindenden Rohre der Vorschrift des § 1 Abs. 2b der allg. pol. Best. über die Anlegung von Dampfkesseln, vom 17. Dezember 1908, entsprechen, wonach auf 1 qm Heizfläche ein Rohrquerschnitt von mindestens 350 qmm zu wählen ist, dagegen kann durch die in diesen Rohren enthaltenen absperrbaren Schieber die dauernde offene Verbindung mit der Atmosphäre unterbrochen werden, obwohl die Bewegung beider Schieber durch Gestänge in ein gegenseitiges Abhängigkeitsverhältnis gebracht worden ist.

Ich vermag daher dieses Standrohr nur dann als zuverlässig anzuerkennen, wenn außerdem auf dem Dampfraum ein Sicherheitsventil angebracht wird. — Die Apparate unterliegen der Abnahmeprüfung im Betriebe."

Es ist zu beachten, daß es sich hier, wie schon vermerkt, um einen für den Einzelfall erteilten Dispens handelt. Für weitere ähnliche und gleiche Fälle könnte unter Hinweis auf diese Verfügung ebenfalls entsprechender Nachlaß beantragt werden.

Wichtig ist ferner die Lichtweite der Standrohre. Für derartige Einrichtungen an D a m p f k e s s e l n ist eine Lichtweite entsprechend 350 qmm Rohrquerschnitt auf 1 qm Heizfläche zu wählen. Bei ihrer Verwendung zur Sicherung von chemischen Apparaten im Sinne der Dampffaßverordnung hat man von einer Bestimmung betreffend numerisch festgelegten Rohrquerschnitt abgesehen. Es geht dieses aus dem Einführungserlaß vom 12. August 1907 zur Dampffaßverordnung von 1908 hervor: „. . . Endlich sind die für Dampfkessel genehmigten Standrohre, g l e i c h g ü l t i g o b s i e a n d e n D a m p f r a u m o d e r d e n m i t F l ü s s i g k e i t g e f ü l l t e n R a u m a n g e s c h l o s s e n w e r d e n, auch für Dampffässer zugelassen; es ist jedoch davon abgesehen, für diese oder für offene Verbindungsrohre ohne Absperrflüssigkeit bestimmte Lichtweiten vorzuschreiben, da die hierauf einwirkenden Umstände bei den verschiedenen Arten der Dampffässer (chemischen Apparate) zu sehr voneinander abweichen. Um die mißbräuchliche Verwendung zu enger oder unvorschriftsmäßiger Rohre zu verhindern, wird jedoch gefordert, daß Apparate dieser Art einer Abnahmeprüfung im Betriebe zu unterziehen sind."

Greift man bei den chemischen Apparaten auf die diesbezüglichen Bestimmungen für D a m p f k e s s e l zurück, so wäre die Vorschrift bestimmter Querschnitte für Standrohre an chemischen Apparaten wohl möglich für direkt gefeuerte. Für dampfbeheizte würde man dagegen die Lichtweite der Dampfzuführung in Betracht zu ziehen haben. Da hier aber wieder die Dampfspannung in der Zuleitung und im Apparat und auch die Größe der Apparate für die zu erwartende Expansions- und Kondensationswirkung eine wesentliche Rolle spielt, so würde sich bei Dampffässern zweifellos eine unerwünschte Komplikation ergeben. Es erscheint daher durchaus folgerichtig, daß von Querschnittsvorschriften für Standrohre an chemischen Apparaten behördlicherseits abgesehen worden ist und man sich darauf beschränkt, Dampffässer dieser Art einer Abnahmeprüfung im Betriebe zu unterziehen, wobei festzustellen ist, ob die angegebene Spannung (bis 0,5 Atm. Überdruck) nicht überschritten wird.

Ein solcher praktischer Nachweis bzw. Abnahme im Betriebe hat demnach bei allen als Dampffässer zu betrachtenden chemischen Apparaten zu erfolgen, die wegen ihrer offenen, nicht verschließbaren Verbindung mit der Atmosphäre (siehe unter Abs. a, b, c dieses Abschnittes) von der Dampffaßverordnung befreit sind.

Ein Sonderfall der Anwendung von Standrohren an chemischen Apparaten bedarf hier noch des Allgemeininteresses wegen Erwähnung. In der chemischen Industrie sind zuweilen Flüssigkeiten einzudampfen oder einer Operation zu unterwerfen, die Schmiedeeisen angreifen, z. B. konzentrierte Kali- und Natronätzlaugen, die Mutterlaugen der Kaliindustrie, die Schlempe der Melassebrennereien. Man verwendet meist Vakuummehrkörperverdampfapparate (Zweikörper in der Kaliindustrie, Drei- und Vierkörper in der Melassebrennerei), von denen dann der erste Körper im Brüdenraum gewöhnlich mit einem etwas über der Atmosphärenspannung gelegenen Druck arbeitet, also als Dampfkessel bzw. Dampffaß gilt; somit nicht, wie die übrigen Verdampfer der Körper aus Gußeisen hergestellt sein darf, das sich wegen der chemischen Eigenschaften der einzudampfenden Werksubstanz aber als besonders widerstandsfähig erwiesen hat. Es ist daher vielfach üblich, für den ersten Verdampfer Schmiedeeisen als Baustoff zu wählen, und zwar mit einer der stärkeren Abnutzung Rechnung tragenden Wandstärke.

Es mag im Interesse der betreffenden Industrien liegen, an dieser Stelle darauf hinzuweisen, daß auch für diese unter Überdruck arbeitenden ersten Verdampfer unbedenklich Gußeisen als Baustoff genommen werden kann, wenn man sie mit einem vorschriftsmäßigen Standrohr ausrüstet, das den Überdruck auf 0,5 Atm. zuverlässig begrenzt. Denn diese Spannung genügt für die Erzeugung eines hinreichenden Temperaturgefälles für die Gesamtkette der Verdampfanlage vollständig. So ausgerüstete gußeiserne Verdampfer sind dann nur einer ersten Abnahmeprüfung bei Inbetriebsetzung zu unterwerfen und werden nicht, wie die starker Abnutzung unterworfenen schmiedeeisernen, als Dampffässer angesehen. Verfasser wendete in derartigen Fällen mit bestem Erfolg gußeiserne Verdampferkörper an. Im übrigen siehe betreffend Anwendung von Gußeisen auch unter Frage 3b.

Es sei darauf hingewiesen, daß die vorstehenden Ausführungen sich nur auf die in Preußen bestehenden behördlichen Bestimmungen beziehen.

Sachsen unterscheidet bei chemischen Apparaten nicht zwischen Dampffässern und Nichtdampffässern; es kennt lediglich „Druckgefäße", für welche die Bestimmungen erschienen sind. Daraus ergibt sich für Sachsen eine beachtenswert grundsätzliche Abweichung gegenüber Preußen. Unter Frage 2b haben sich beispielsweise die Röhrentrockner, System Schulze, als Nichtdampffässer ergeben. In Sachsen müssen sie folglich wie Dampffässer (Druckfässer) behandelt werden, weil alle unter Überdruck arbeitenden Apparate unter den Sammelbegriff „Druckfässer" fallen.

Bayern besitzt ebenfalls seine eigenen Bestimmungen, die sich von den preußischen nicht erheblich unterscheiden; sie sind ebenfalls als kleines Nachschlagewerk erschienen bzw. herausgegeben worden.

Baden legt die preußischen Vorschriften zugrunde und erläßt je nach Bedarf besondere Vorschriften von Fall zu Fall durch das Gewerbeaufsichtsamt.

Württemberg legt ebenfalls die preußischen Bestimmungen zugrunde.

Mecklenburg hat eigene Bestimmungen, die im Regierungsblatt Nr. 11, Jahrg. 1904 enthalten sind. Dieses Blatt kann von der Bärensprungschen Hofbuchdruckerei in Schwerin bezogen werden.

Für die Apparatebauanstalten ist die Berücksichtigung des ganzen Zusammenhanges von beträchtlicher wirtschaftlicher Bedeutung, wenn sie nach allen Bundesstaaten Lieferungen risikofrei ausführen wollen.

Aber auch Unternehmer, die in einem Bundesstaat eine gebrauchte Apparatur erstehen, um sie im anderen zu betreiben, werden die verschiedenen bestehenden Bestimmungen nicht unberücksichtigt lassen dürfen, wollen sie sich vor finanziellen Schäden bewahren.

3. Wie müssen die Dampffässer gebaut und ausgerüstet sein?

a) Allgemeine Material- und Bauvorschriften.

Die Material- und Bauvorschriften sind als Anlage zu § 5 der Dampffaßverordnung vom Min. f. H. u. G. herausgegeben worden; sie sollen in den nachfolgenden Abschnitten 3b—f in den Hauptzügen zergliedert und erläutert werden, da sie für den Apparatebau eine besondere Bedeutung besitzen. Im übrigen kann gesagt werden, daß die Wandungen und sonstigen Bestandteile von unter die Dampffaßverordnung fallenden chemischen Apparaten den anerkannten Regeln der Technik entsprechen müssen, als welche die genannten Material- und Bauvorschriften zu gelten haben.

b) Holz, Gußeisen, Stahlguß, Schmiedeeisen, Kupfer, Aluminium, Blei, Zink, Zinn, Silber und Eisen-Siliziumguß als Baustoff für Dampffässer.

Holz. In vielen landwirtschaftlichen Brennereien und chemischen Betrieben waren und sind noch heute vereinzelte Kochgefäße, Destillierblasen usw., aus Holz hergestellt, zu beobachten. Die mannigfachen Übelstände aber, die mit seiner Anwendung verbunden sind, haben es heute als Baustoff für Wandungsteile wohl gänzlich verdrängen lassen, und an seine Stelle sind bei speziellen Erfordernissen emaillierte, homogen verbleite oder sonstwie ausgekleidete gußeiserne oder schmiedeeiserne Apparate getreten. Ein diesbezüglicher Abschnitt in der Dampffaßverordnung besagt, daß Holz als Baustoff für Wandungsteile nur dort verwendet werden darf, wo der Betrieb es unbedingt erfordert. Dieses Erfordernis muß jedoch behördlich anerkannt sein.

Gußeisen und Stahlguß. Auch Gußeisen darf, wie das Holz, in gleicher Weise für Wandungen von Dampffässern nur bei unbedingtem Bedürfnis als Baustoff dienen, d. h. dem Vorliegen des Bedürfnisses muß ebenfalls behördlich zugestimmt worden sein. Andernfalls kann es, wenn als Wandungsbaustoff verwendet, von den zuständigen Sachverständigen abgelehnt werden.

Gußeiserne, auf Druck beanspruchte Röhren sind an Dampffässern bis zu 100 mm lichter Weite für zulässig erachtet worden. Betreffend Berechnung der Wandstärken siehe unter Schmiedeeisen.

Über die zulässige Beanspruchung des Gußeisens an Dampffässern liegen behördliche Bestimmungen nicht vor. Mangels anderer Angaben wird man die Zugfestigkeit eines guten Maschinengusses von hoher Festigkeit mit etwa 2500 kg/qcm annehmen dürfen, und wegen seiner Sprödigkeit die zulässige Beanspruchung nicht über 200 kg/qcm in der Rechnung einsetzen.

Das Gußeisen hat sich, wie zahlreiche, auch folgenschwere, in der Praxis vorgekommene Unfälle erwiesen[19]), als Baustoff zu Dampffässern und Druckgefäßen nicht bewährt, so daß von seiner Verwendung auch für solche unter Druck arbeitenden Apparate, die der Dampffaßverordnung nicht unterstehen, nicht dringend genug abgeraten werden kann, und zwar unter dem Hinweis, an seine Stelle Stahlguß treten zu lassen. Der Einführungserlaß zur Dampffaßverordnung von 1908 führt in Übereinstimmung hiermit aus: „Der Verwendung von Gußeisen an Dampffässrn, namentlich auch zu Verstärkungsringen, Mannlöchern, Einfüllstutzen und ähnlichen Einzelteilen, welche Bestandteile der Wandungen des Dampffasses bilden, ist nach wie vor mit Nachdruck entgegenzutreten, da die ungenügende Zähigkeit des Gußeisens immer wieder durch die gemeldeten Explosionsunfälle erwiesen wird. In Fällen, wo seine Verwendung zu Wandungsteilen gar nicht zu vermeiden ist, empfiehlt es sich, dem Besitzer anzuraten, bei der Bestellung ein den Normen des Vereins Deutscher Eisengießereien entsprechendes Material zu fordern. Im übrigen sind bei der Beurteilung der Zähigkeit des Gußeisens die in den früheren Einzelerlassen gegebenen Weisungen nach wie vor zu beachten."

Wegen der in bezug auf Formgebung, Bearbeitung und Preis günstigen Eigenschaften wird sich seine Anwendung im Apparatebau jedoch im wirtschaftlichen Interesse nicht ganz vermeiden lassen, speziell z. B. für die Ausführung von Anschlußstutzen und sonstigen kleineren Apparatebestandteilen (grobe Armatur), die nicht zu den Wandungsteilen zu zählen sind. Einem solchen Vorhaben stehen in bezug auf die Betriebssicherheit und die Bestimmungen der Dampffaßverordnung keinerlei Bedenken entgegen, denn weniger beanspruchte kleinere Gußstücke haben sich an chemischen Apparaten durchaus bewährt.

Es wirft sich nun die Frage auf: Wann sind Bauteile von

---

[19]) Vgl. Chem. Apparatur **3**, 120/121 (1916): Explosion eines gußeisernen Dampfgefäßes.

Apparaten als Bestandteile der Wandungen anzusehen? Diesbezüglich ist ein Erlaß des Min. f. H. u. G. vom 20. Dezember 1910 von Bedeutung: „In der Polizeiverordnung, betreffend den Betrieb von Dampffässern ist ausnahmsweise als Baustoff für die Wandungen der Dampffässer und Einzelteile derselben Gußeisen dort zugelassen, wo der Betrieb es unbedingt erfordert. Wenn hiernach die Verwendung des unzuverlässigen Gußeisens gegenüber dem zähen Material nach Möglichkeit eingeschränkt werden soll, so liegt doch kein Anlaß vor, bei dieser Bestimmung eine zu enge Auslegung in allen denjenigen Fällen zu üben, wo gußeiserne ‚Einzelteile' der Wandungen wegen ihrer geringen Flächenausdehnung keiner starken Beanspruchung durch den Gefäßdruck sowie ferner keinen bedenklichen Zusatzspannungen, insbesondere durch Biegungsbeanspruchungen oder Wärmebeanspruchungen infolge Berührung mit den Heizgasen unterliegen.

Aus diesen Gesichtspunkten heraus wird z. B. der Zentrierungsansatz einer gußeisernen angeflanschten Stopfbüchse zur Abdichtung einer Rohreinführung oder der gleiche Ansatz eines Stutzens, die in das Gefäß hineinragen und damit Teile der Wandung werden, nicht zu beanstanden sein.

Im Gegensatz dazu werden beispielsweise die als Trag- und Drehzapfen ausgebildeten, mit dem Dampffaßkörper verflanschten großen gußeisernen Tragschilder von Kugelkochern, sofern sie einen wesentlichen Bestandteil der Wandung bilden, wegen der auftretenden bedenklichen Biegungsbeanspruchungen und der daraus folgenden Gefahren nach wie vor nicht als zulässig erachtet werden können."

Weitere Begriffsbegrenzung ist in den Bauvorschriften für Dampffässer unter „Material" enthalten: „Anschlußstutzen bis 250 mm lichte Weite und 10 Atm. Beanspruchung, ferner die in dem Erlaß des Min. f. H. u. G. vom 20. Dezember 1910 (siehe vorstehend) bezeichneten gußeisernen Einzelteile von geringer Flächenausdehnung werden nicht als Wandungsteile angesehen."

Auch ein Erlaß des Min. f. H. u. G. vom 7. September 1901 ist hier von Interesse; er betrifft die unteren konischen Ablaßstutzen oder Ausblasestutzen an Henzedämpfern, die auch z. B. am konischen Unterteil an mit Salzabscheidung arbeitenden Verdampfapparaten und den sogenannten Vakuumkochern der Zuckerfabriken üblich sind: „Die Sachverständigen sind angewiesen, gußeiserne Ausblasestutzen an Henzedämpfern nur insoweit zuzulassen, als ihre lichte

Weite 100 mm nicht übersteigt. Dieser Vorschrift zu entsprechen, verursacht keine technischen Schwierigkeiten, da die Nietung des konischen Teils der Dämpfer bis auf dieses Maß leicht auszuführen ist." Und unter dem 13. November 1900: „Der konische Teil des Mantels der Henzedämpfer ist bis in seine untere Ausmündung, vorwiegend von 100 mm, in Schmiedeeisen auszuführen. Erforderlichenfalls ist der untere Teil in seinen Nähten zu schweißen. Erst der sich hieran anschließende Ausblasestutzen kann in Gußeisen ausgeführt werden. Abnutzungen des engen unteren Mantelteils durch sandige Bestandteile der zu dämpfenden Massen können durch eingesetzte Schutzmäntel vermieden werden.

Es wird Ihnen jedoch freigestellt, den unteren konischen Teil, hier von etwa 350 mm oberer Weite und 430 mm Höhe einschließlich des Ausblasestutzens und der seitlichen Anschlußstücke, wie bisher als besonderes Stück anzunieten, jedoch ist derselbe alsdann aus weichem Flußstahl (Formflußeisen) anstatt aus Gußeisen herzustellen." Verfasser glaubt, daß es immer noch eine ganze Anzahl von Henzedämpfern mit unterem gußeisernen Anschlußstutzen größerer Abmessung geben dürfte.

Zwischen den Ausführungen dieser 2 Erlasse und den Bestimmungen der Bauvorschriften, nach denen Anschlußstutzen aus Gußeisen bis 250 mm lichte Weite zulässig sind, liegt scheinbar ein Widerspruch. Derselbe dürfte sich aber dadurch klären, daß wohl die lichte Weite der Henzeabblasestutzen 100 mm beträgt, aber der schmiedeeiserne Konus der schwierigen Vernietung wegen gewöhnlich nur bis zu einer Lichtweite von 200—300 mm herabgeführt wird, wo man dann den gußeisernen Konus mit dem unteren 100 mm im Lichten weiten Ablaßstutzen annietet. Diese Auffassung bestätigt eigentlich auch der Erlaß vom 13. November 1900, der von einer oberen Weite von 350 mm und einer Höhe von 430 mm des unteren gußeisernen konischen Stutzens an Henzedämpfern spricht; sie sollen von weichem Flußstahl (Formflußeisen), in der Technik meist unter dem Ausdruck „Stahlguß" bekannt, hergestellt sein.

Zu den Anschlußstutzen von über 250 mm lichter Weite würden demnach auch die an Apparaten vielbenutzten Rahmen ovaler Schaugläser, soweit sie in der Längsrichtung mehr als 250 mm im Lichten messen, zu zählen sein, d. h. sie würden ebenfalls aus Stahlguß hergestellt werden müssen. Dieses scheint nicht immer beobachtet zu werden, da Verfasser verschiedentlich derartige gußeiserne Schauglasrahmen an chemischen Apparaturen (Dampffässern) wahrnehmen konnte.

Von technischer Bedeutung sind hier noch 2 Erlasse des Min. f. H. u. G., betreffend die in der Zellstoffindustrie viel benutzten Kugelkocher. Es ist vielfach üblich, derartige drehbare „Dampffässer“ mit gußeisernen Tragzapfen, die mit Nietflansch versehen sind, auszurüsten. In solchem Falle kann es fraglich sein, ob das Gußeisen in dieser Form einen Teil der Wandung bildet oder bilden muß: „Dabei bemerke ich, daß sich die Bestimmungen der Dampffaßverordnung nicht auf die gußeisernen Zapfen der Kocher erstrecken, sondern nur auf die einen Teil der Wandung bildenden Anschlußplatten für die Zapfen, mit denen letztere verschraubt sind.“ (Erlaß vom 1. November 1900.)

Und weiter: „Die Dampfkesselüberwachungsvereine sind bereits darauf hingewiesen worden, daß die in der Dampffaßverordnung enthaltenen Beschränkungen in der Verwendung von Gußeisen nicht auf die gußeisernen Zapfen der Kugelkocher in Papier- und ähnlichen Fabriken auszudehnen sind. Dagegen ist die Anordnung der Zapfen so zu treffen, daß ein möglichst geringer Teil der Mantelfläche aus Gußeisen besteht. Werden die Zapfen nicht unmittelbar am Mantel, sondern mittels besonderer Anschlußplatten, die am Kocher angenietet sind, befestigt, so sind die Platten jedenfalls aus zähem Material (Formflußeisen) herzustellen.“ (Erlaß vom 21. Oktober 1904.)

Wegen der Unzuverlässigkeit des Gußeisens sollte man daher allgemein seine Verwendung nach Möglichkeit einschränken und Stahlguß an seine Stelle setzen. Verfasser hatte allerdings auch mit Stahlguß manche Mißerfolge im Apparatebau zu verzeichnen, weil der Stahlguß bekanntlich oft porös von den Gießereien geliefert wird und die daraus hergeleitete Unbrauchbarkeit einzelner Stücke meist erst nach erfolgter Bearbeitung festzustellen ist, z. B. bei Anschlußstutzen nach ihrer erfolgten Annietung an den Apparat, und zwar gelegentlich der Druckprobe. Hierdurch werden bei Verwendung von Stahlguß nicht selten erhebliche Unkosten und Zeitverluste verursacht. Bei gußeisernen Teilen pflegen diese Übelstände äußerst selten aufzutreten. Man wird es also verständlich finden, wenn die Apparatebauanstalten ihrerseits (teils auch im Interesse der Besteller) nach weitestmöglicher Verwendung von Gußeisen streben.

Nicht selten kommt im Apparatebau auch die Herstellung des Innenmantels von doppelwandigen offenen oder geschlossenen chemischen Apparaten aus Gußeisen in Frage, z. B. bei emaillierten Ausführungen, die man wegen ihrer Säurebeständigkeit anwendet. Derartige Fälle der Verwendung von Gußeisen werden allgemein nur dann als zulässig zu erachten sein, wenn ein aus zähem Material gefertigter äußerer Schutzmantel vorgesehen ist; solche Sonderfälle bedürfen naturgemäß der behördlichen Begutachtung vom Standpunkte der Dampffaßverordnung. Man wird gut tun, derartige Anwendungen nach Möglichkeit zu beschränken und, wenn irgend angängig, schmiedeeiserne emaillierte, homogen verbleite, verzinnte, versilberte, vernickelte oder kupferausgekleidete usw. Apparaturen[20]) zu verwenden suchen, die man dann an der zu verkleidenden Fläche versenkt genietet ausführt, sofern man nicht wassergasgeschweißte Gefäße vorziehen sollte.

Zur Eindampfung von Ätznatronlaugen auf höhere Konzentration (ca. 50° Bé) sind ganz aus Gußeisen hergestellte Röhrenverdampfer üblich, bei denen infolge des anzuwendenden Dampfdruckes (etwa 10 Atm.), welchen der hohe Siedepunkt der konzentrierten Lauge erfordert, die gußeisernen Rohrböden Ursache für Explosionen zu werden vermögen. Auch die Abdichtung der gußeisernen Heizröhren in den Rohrböden mittels Stopfbüchsen verursacht oft Ärger und Betriebsstörungen durch Undichtheiten.

Abgesehen davon, daß derartige Verdampfer in manchen Fällen mit den behördlichen Bestimmungen in Widerspruch stehen dürften, schaffte Verfasser hier dadurch Abhilfe, indem er Verdampferkonstruktionen mit entlasteten Rohrböden anwandte, die sich dadurch charakterisieren, daß nur die Heizröhren (von etwa 60—70 mm lichter Weite) dem vollen Heizdampfdruck im Innern ausgesetzt sind. *Diese Bauart hatte beste praktische Erfolge zu verzeichnen und ist zweifelsfrei von der Prüfungs- und Überwachungspflicht ausgenommen.*

Über die behördlich vorgeschriebene qualitative Beschaffenheit des für Dampffässer verwendeten Gußeisens sei noch erwähnt, daß die *zu den Wandungen zu rechnenden* gußeisernen Teile von Dampffässern in der Regel mindestens den Anforderungen entsprechen müssen, die in dem Erlaß

[20]) Siehe A. *Erst*, Auskleidung eiserner Gefäße, Chem. Apparatur **3**, 93 usf. (1916).

des Min. f. H. u. G. vom 14. August 1909 für Maschinenguß von hoher Festigkeit enthalten sind.

Im Kupolofen aus Gußeisen unter Zusatz von Schmiedeeisen oder Stahl hergestelltes Material wird dem Gußeisen gleichgestellt und ein Gußeisen, dem beim Gießen in der Pfanne 10% Stahlguß zugesetzt wurde, ist noch als Gußeisen anzusehen. Temperguß kann als Ersatz für Schmiedeeisen und Stahlguß nicht zugelassen werden, denn es gibt kein Mittel, um die Tiefe der Temperung allseitig festzustellen. (Wie bei der autogenen Schweißung, wo man keinen Weg weiß, zu erkennen, ob die Schweißung „gut" ist. Verf.)

Schmiedeeisen. Seine Verwendungsmöglichkeit in Form der Qualitäten: Schweißeisen und Flußeisen ist infolge seiner spezifischen Eigenschaften, insbesondere seiner großen Zähigkeit wegen, im Apparatebau eine äußerst vielseitige; es mag als der eigentliche Grundstoff des Apparatebaues bezeichnet werden dürfen. Die Verbindung aus ihm hergestellter Bleche zu Gefäßen (Apparaten) erfolgt auf dem Wege des Vernietens (und Verstemmens), Verschraubens und Verschweißens (autogen und mittels Wassergas) der Blechkanten, selten wohl unter Anwendung des Verlötens mittels leichter flüssigen Metallen oder Legierungen solcher, besonders Kupfer. Seine Eigenschaften und Verarbeitung können als so allgemein bekannt gelten, daß sich eingehendere Ausführungen, die auch nicht in den Rahmen unserer Betrachtung gehören, hierorts erübrigen dürften.

Nur einige spezielle Darstellungen mögen besonderes Interesse besitzen. Verordnungsgemäß sind Bessemerbleche aller Qualitäten, Thomasbleche Sorte III und Handelsbleche SM II von der Verwendung für Dampffässer ausgeschlossen. Die Teile von direkt gefeuerten Dampffässern, die im ersten Feuerzuge liegen, sind aus Feuerblech (SM I) zu fertigen. Zu allen anderen Teilen kann Bördelblech (SM II) verwendet werden.

Feuerblech darf keine geringere Zugfestigkeit als 36 kg/qmm in der Längsfaser und 34 kg/qmm in der Querfaser bei einer geringsten Dehnung von 20% in der Längsfaser und 15% in der Querfaser haben.

Bördelblech darf keine geringere Zugfestigkeit als 35 kg/qmm in der Längsfaser und 33 kg/qmm in der Querfaser bei einer geringsten Dehnung von 15% in der Längsfaser und 12% in der Querfaser haben. Die Zugfestigkeit darf bei keinem Blech 40 kg/qmm überschreiten.

Zum Nachweis der zuverlässigen Materialbeschaffenheit genügen die von den Blechwalzwerken mit dem Material einzufordernden Werksbescheinigungen. Zu beachten ist, daß es bei Schweiß- und Flußeisenblechen eines Prüfungsnachweises nicht bedarf, wenn die Zugfestigkeit dieser mit höchstens 30 kg/qmm, jener mit höchstens 34 kg/qmm in die Rechnung eingestellt worden ist. Die die Zugehörigkeit des Bleches zum Werksattest dokumentierenden Stempel auf der Blechoberfläche müssen am fertigen Dampffaß (außen oder innen) nachgewiesen werden können.

Für Winkeleisen, Nieteisen, Nieten, Schrauben, Anker, Stehbolzen, Röhren usw. sind Materialnachweise nicht üblich; jedoch das Lieferwerk muß diese Materialien bestimmungsgemäß ohne Aufforderung prüfen.

Die anzuwendenden vorschriftsmäßigen Blechstärken ergeben sich für zylindrische Apparatwandungen aus nachfolgenden Formeln:

für inneren Druck:

$$\text{(I)} \quad s = \frac{D \cdot p \cdot x}{200 \cdot K \cdot z} + 1 \quad \text{bzw.} \quad p = \frac{200 \cdot K \cdot z \cdot (s - 1)}{D \cdot x}$$

für äußeren Druck:

$$\text{(II)} \quad s = \frac{p \cdot d}{2400}\left(1 + \sqrt{1 + \frac{a \cdot l}{p \cdot (l + d)}}\right) + 2\,,$$

darin bedeutet:

s = Blechdicke in Millimetern,
D = Lichten Durchmesser des Apparates,
p = Betriebsüberdruck in Atmosphären,
K = Zugfestigkeit des verwendeten Bleches,
x = Sicherheitskoeffizient,
z = Festigkeit der Blechnaht zu der des vollen Bleches,
a = einen Zahlenwert,
l = Länge des zylindrischen Teiles in Millimetern (evtl. zwischen tragfähigen Versteifungen.

K ist zu wählen: 33 kg/qmm bei Schweißeisen, 36 kg/qmm bei Flußeisen (SM I), 40 kg/qmm bei Flußeisen (SM II).

x ist zu wählen: 4,75 bei überlappten oder einseitig gelaschten, handgenieteten einreihigen Nähten; 4,5 bei überlappten oder einseitig gelaschten, maschinengenieteten und bei geschweißten Nähten; 4,35 bei zweireihigen, doppeltgelaschten, handgenieteten Nähten, deren eine Lasche nur einreihig genietet ist; 4,25 bei doppeltgelaschten, maschinengenieteten Nähten, deren eine Lasche nur einreihig genietet ist; 4,0 bei doppeltgelaschten, maschinengenieteten Nähten und bei nahtlos gewalzten Schüssen. Werden die Nietlöcher gelocht (nicht gebohrt), so kann unter Umständen ein Zuschlag von 0,25 zu x gefordert werden.

z ergibt sich jeweils aus den gewählten Abmessungen der Nietnähte; beispielsweise beträgt z für einreihige Nietung bei einer Blechdicke von 10 mm, einer Nietdicke von 19 mm und einer Nietteilung von 47 mm; $\frac{47 - 19}{47} = 0{,}6$. Für eine doppeltreihige Nietung, deren Nietteilung bei einer Blechdicke von 10 mm z. B. 62 mm beträgt, wobei die Nietdicke mit 17 mm und die Entfernung der ersten von der zweiten Nietreihe 37 mm angenommen sei $z = \frac{62 - 17}{62} = 0{,}73$. Weil der Faktor z in der Formel (I) zur Berechnung der Wanddicke als Divisor auftritt, so folgt, daß sich mit anwachsendem Werte von z bis zur Größe 1 (bei nahtlos gewalzten Schüssen) eine entsprechend abnehmende Blechdicke ergeben muß, d. h. wie aus den beiden soeben durchgeführten Rechnungsbeispielen hervorgeht, die doppelreihige Nietnaht stets die geringere Blechdicke erfordert.

Der Konstrukteur wird also bei rationeller Arbeitsweise stets Blechverbindungen anzuwenden trachten, deren Festigkeit nach Möglichkeit der des vollen Bleches nahekommt, d. h. z möglichst nahe dem Werte 1 zu erhalten; dieses wird, wie uns die Berechnung zeigte, immer bei zweireihiger Nietung der Fall sein.

Bei mittels Überlappung gut geschweißten Nähten kann $z = 0{,}7$ in Rechnung gesetzt werden. Unter Umständen sind bei geschweißten Nähten Sicherheitslaschen vorzusehen, falls vom Sachverständigen verlangt. Ob der Wert von 0,7 auch für autogene Schweißung angenommen werden darf, ist fraglich, weil in den Bestimmungen nur von überlappt geschweißten Nähten die Rede ist. Aber mangels anderer Vorschriften wird man wohl nicht fehlgehen, auch bei Autogenschweißung $z = 0{,}7$ zu bewerten. Über diese und weitere Einzelheiten, betreffend autogene Schweißung siehe die a. a. O. gebrachten Veröffentlichungen.[21])

[21]) Chem. Apparatur **6**, 41 usf. (1919).

Hervorzuheben ist noch, daß die geringste zulässige Blechdicke 7 mm beträgt.

Die Scherfestigkeit des Schweiß- und Flußeisens kann zu 0,8 der Zugfestigkeit angenommen werden.

Die in den Formeln enthaltenen Zahlenwerte 1 (in I) und 2 (in II) sind Abnutzungszuschläge, Abnutzungs- oder Abrostungskonstanten, die je nach den besonderen Fällen, wo ein stärkerer Verschleiß eines Apparates durch chemische Einflüsse usw. zu erwarten ist, erhöht werden müssen, um ein vorzeitiges Unbrauchbarwerden einer Apparatur zu verhindern. Es wird Sache der Besteller sein, der Berücksichtigung dieses Abnutzungszuschlages bei Beurteilung von Preisangeboten der Apparatebauanstalten ihre Aufmerksamkeit zu schenken.

Die Widerstandsfähigkeit der Niete gegen Abscheren darf sich nicht geringer ergeben, als die in Rechnung zu ziehende Festigkeit des Bleches in der Nietnaht, d. h. es darf die Belastung eines Nietes durch die Scherkraft höchstens 7 kg/qmm betragen.

a ist zu wählen: bei Mantelschüssen in liegender Anordnung = 100, wenn überlappte, 80, wenn gelaschte oder geschweißte Nähte vorliegen; bei Mantelschüssen in stehender Anordnung: 70 bzw. 50.

Kugelförmig gewölbte Böden für inneren und äußeren Überdruck berechnet man nach der Formel:

$$\text{(III)} \qquad s = \frac{0{,}005 \cdot p \cdot r}{k} \quad \text{bzw.} \quad p = \frac{s \cdot k}{0{,}005 \cdot r},$$

darin bedeuten:

r = inneren Radius der Wölbung in mm,
k = zulässige Beanspruchung in kg/qmm.

Die Bedeutung der übrigen Formelzeichen siehe unter (I) und (II).

Der Wert k ist anzunehmen:

5 kg/qmm bei Schweißeisen,
6,5 kg/qmm bei Flußeisen.

Ebene Böden mit Krempe berechnet man nach der Formel:

$$\text{(IV)} \qquad s = \frac{1}{98}\left[d - r\left(1 + \frac{2\,r}{d}\right)\right]\sqrt{p} \quad \text{bzw.}$$

$$p = 9600\left[\frac{s}{d - r\left(1 + \frac{2\,r}{d}\right)}\right]^2,$$

worin bedeutet: d = inneren Durchmesser der Krempe,
r = inneren Krempenradius,

die übrigen Werte wie vorstehend.

Ebene Böden und Platten sollte man, wenn irgend möglich, an Apparaten immer vermeiden, denn sie ergeben für Druckbeanspruchung beträchtliche Blechdicken und sind daher in Ausführung meist teurer als nach innen oder außen gewölbte Böden.

Über die Berechnung ebener Rohrböden sei folgendes ausgeführt: Sie können mit oder ohne Verankerung Anwendung finden. Bei nicht verankerten Rohrböden, deren Rohre in zylindrisch glatt gebohrten Löchern eingewalzt sind, ist Sicherheit gegen das Herausziehen der Rohrenden zu erwarten, wenn die durch die Druckbeanspruchung hervorgerufene, auf 1 cm Rohrumfang entfallende Belastung 25 kg nicht überschreitet. Diese Annahme ist zulässig für Betriebsspannungen bis 7 Atm. Überdruck, bei höherer Spannung darf der Betrag von 15 kg/cm Rohrumfang nicht überschritten werden.

Hierbei ist Voraussetzung, daß der Mindestquerschnitt des Steges zwischen zwei Rohrlöchern 180 qmm für Röhren mit d = 38 mm äußerem Durchmesser beträgt, linear zunehmend bis auf etwa das 2,5fache für Röhren mit d = 100 mm äußeren Durchmesser, und zwar darf die Blechstärke der Rohrwände nicht weniger als:

$$s = 5 + \frac{d}{8} \qquad \text{(V)}$$

für Röhren von 38 bis rund 100 mm betragen.

Es empfiehlt sich, die Rohrböden nach dieser Berechnung zu dimensionieren und von der Anbringung besonderer Anker abzusehen; diese sind zwar sehr beliebt, geben jedoch erfahrungsgemäß oft zu Undichtheiten und Betriebsstörungen Veranlassung.

Auf Gußeisen können diese Formeln (I) bis (V) sinngemäß übertragen werden, allerdings nach Maßgabe seiner zulässigen Beanspruchung. Über seine Zulässigkeit siehe vorstehend unter „Gußeisen“.

Kupfer. Durch die durch den Krieg bedingten Verhältnisse (Knappheit und hoher Preis) hat das Kupfer, das früher im Apparatebau ein beliebter und viel angewandter Baustoff war, erheblich an Bedeutung verloren. Man hat gelernt, das Kupfer in vielen Fällen mit bestem Erfolg durch

Schmiedeeisen und Gußeisen (nach Bedarf verbleit, verzinnt, emailliert, mit Steinen, Kupfer o. dgl. bekleidet), Aluminium, Blei, Eisen-Siliziumguß, Steinzeug usw. zu ersetzen und dürfte das Kupfer, selbst wenn es wieder wohlfeiler werden sollte, wohl kaum jemals wieder die Bedeutung von ehemals erlangen. Besonders trifft dieses auch für die Spiritusindustrie zu, die während des Krieges wohl ziemlich restlos ihre kupfernen Destillier- und Rektifizierapparate gegen schmiedeeiserne und gußeiserne ausgewechselt haben dürfte; eine Maßnahme, welche man vor dem Kriege gewiß für unmöglich gehalten haben würde. Es machten sich denn zu Anfang auch viele Stimmen, besonders aus Kreisen der Apparatebauanstalten, bemerkbar, um dem entgegenzuwirken; sie waren gewiß von dem verständlichen Bestreben geleitet, die Beschäftigung ihrer Kupferschmiedereiabteilungen nicht zu verlieren. Alle derartigen Rufe haben aber den Lauf der Dinge nicht im geringsten aufzuhalten vermocht.

Trotzdem ist nicht anzunehmen, das Kupfer würde als solches und in seinen Legierungen nun gänzlich für Apparaturen und Armaturen aus dem Apparatebau verdrängt werden, und so wollen wir auch diesen Baustoff in unseren Ausführungen im Rahmen unseres Themas berücksichtigen.

Für Kupfer kann, wenn größere Festigkeit nicht nachgewiesen wird, eine Zugfestigkeit von 22 kg/qmm bei Temperaturen bis 120° C angenommen werden. Im Falle höherer Temperatur ist die Zugfestigkeit für je 20° C um 1 kg/qmm niedriger zu wählen. Für andere Materialien als Kupfer, die zu Wandungsteilen zugelassen werden, insbesondere gewalzte oder gehämmerte Bronze, ist durch einwandfreie Versuche im einzelnen Falle oder an Hand allgemein anerkannter Versuchsergebnisse die zulässige Höchstfestigkeit festzusetzen.

Rohre aus Messing, Kupfer, gezogener Kupferbronze, Muntzmetall (Kupfer und Zink) oder ähnlichen Legierungen von gleicher Festigkeit dürfen, soweit sie auf Zug beansprucht werden, bis zu 100 mm, auf Druck bis zu 200 mm verwendet werden.

Gegenüber überhitztem Wasserdampf von 250° C und mehr ist die Verwendung von Kupfer zu vermeiden. Für kupferne Rohrleitungen ist innerhalb der vorgenannten Lichtweiten eine Materialbeanspruchung von höchstens $^1/_{10}$ der Zugfestigkeit zulässig. Die Scherfestigkeit des Kupfers kann zu 0,8 der Zugfestigkeit angenommen werden.

Die für die Berechnung schmiedeeiserner Wandungen angesetzten Formeln I—V finden für Kupfer sinngemäß Anwendung, und zwar:

An Stelle der fixen Abrostungskonstante 1 in Formel (I) tritt eine solche von 0,2 (6 — s); folglich:

$$s = \frac{D \cdot p \cdot x}{200 \cdot K \cdot z} + 0{,}2(6 - s) \text{ bzw. } p = \frac{200 \cdot K \cdot z[s - 0{,}2(6 - s)]}{D \cdot x},$$

so daß also für Kupferbleche über 6 mm kein Abnutzungszuschlag mehr gefordert wird. Doch ist dieses nicht als generell gültig anzusehen. In solchen Fällen, wo ein Angriff der Wandungen zu erwarten ist, wird man im Interesse der Lebensdauer einer Apparatur auch bei Blechstärken über 6 mm entsprechende Zuschläge zu machen haben (z. B. bei kupfernen Autoklaven für Spaltung von Neutralfetten in Fettsäure und Glyzerin, die gewöhnlich mit einer Abnutzungskonstante von 3 mm zu berechnen sind).

Kupferne Apparate, deren Wandungen einer Abnutzung nicht unterworfen sind, z. B. Mineralwasser- oder Schaumweinapparate mit innerer Verzinnung gegen Oxydationsvorgänge, bedingen in behördlicherseits zugestandener sinngemäßer Anwendung der genannten Dampffaßverordnung auch bei Blechstärken $<$ 6 mm keinen Abnutzungszuschlag. Über dieses Thema ist von Golz a. a. O. ausführlich berichtet worden, so daß ein Hinweis hierauf an dieser Stelle genügen mag[21]).

Die Koeffizienten x und z sind, wie unter Schmiedeeisen vorgeführt, zu berechnen. Über den Wert von z bei autogen geschweißten Nähten liegen für Kupfer keine Bestimmungen vor, so daß man, gute Ausführung vorausgesetzt, ebenfalls mit $z = 0{,}7$ wird rechnen dürfen.

Von besonderer Bedeutung ist bei Kupfer noch die Bewertung der oft angewandten Hartlotnähte. Auch diese Materie hat Golz an anderer Stelle[22]) ausführlich behandelt. Hier können wir uns auf Wiedergabe eines Erlasses des Min. f. H. u. G. vom 7. August 1903 beschränken, der heute noch als gültig anzusehen ist: „Auf Ihre Anfrage erwidere ich Ihnen, daß von hartgelöteten Nähten an kupfernen Dampffässern, wenn sie auf Zug beansprucht werden, im Hinblick auf mehrere in den letzten Jahren durch Lötnähte verursachte Explosionen von Dampfdruckgefäßen abgeraten werden muß. Es ist daher nicht

[21]) Siehe Chem. Apparatur **2**, 73 (1915).
[22]) Siehe Chem. Apparatur **1**, 305 (1914).

erforderlich, den Schwächungskoeffizienten (z, Verf.), den man für solche Nähte bei der Berechnung der Wandstärken einsetzen darf, festzusetzen.

Zur Erzielung der erforderlichen Festigkeit ist vielmehr in den gedachten Fällen Nietung, gebotenen Falles Kettennietung unter Anwendung von Laschen vorzuziehen. Bei dünnen Blechen wird zwar zur Erzielung der Dichtigkeit die Lötung zu der Nietung hinzutreten müssen; für die Berechnung der Festigkeit kann aber lediglich diejenige der Nietnaht als maßgebend erachtet werden.“

Hartlotnähte ohne Sicherheitslasche sind an Dampffässern also unzulässig; eine Bestimmung, die, wie Verfasser feststellen konnte, mancherorts selbst in Fachkreisen lange Zeit unbekannt geblieben ist.

Bei Berechnung der Blechdicke nahtlos gewalzter kupferner Mantelschüsse kann $x = 4$ und $z = 1$ gesetzt werden, sofern keine partielle Schwächung der Wandungen vorhanden ist.

Auch die Formel (II) findet mit der Maßgabe Anwendung, daß statt des festen Zuschlages von 2 mm ein solcher von 0,2 $(6 - s)$ zu fordern ist. Demnach:

$$s = \frac{p \cdot d}{2400}\left(1 + \sqrt{1 + \frac{a \cdot l}{p \cdot (l + d)}}\right) + 0{,}2\,(6 - s)\,.$$

In Formel (III) ist bei Kupfer lediglich für $k = 4$ kg/qmm in die Gleichung einzuführen, falls die Beschickungstemperatur des betreffenden Apparates 200° C nicht überschreitet.

Für Formel (IV) bestehen in bezug auf Kupfer keine Vorschriften.

Formel (V) lautet für Kupfer: $s = 10 + \frac{d}{5}$ für $d = 38$ mm bis etwa rund 75 mm; ferner muß der Mindestquerschnitt des Steges zwischen 2 Rohrlöchern bei Kupferplatten 340 qmm für $d = 38$ mm, zunehmend auf etwa das 2,5fache für $d =$ rund 75 mm.

Die Belastung eines Nietes durch die Scherkraft darf auf 1 qmm Nietquerschnitt bei Kupfer höchstens 4 kg/qmm betragen.

Aluminium. In den Material- und Bauvorschriften für Dampffässer ist ausschließlich die Rede von Gußeisen, Schmiedeeisen und Kupfer. Hieraus soll nicht gefolgert werden, daß nun andere Metalle nicht zur Verwendung zugelassen seien, sondern es ist dieses ausschließlich eine Lücke in den genannten Vorschriften, die über kurz oder lang sicher beseitigt werden wird, sobald sich eine solche Notwendigkeit aus der Praxis unabweislich ergibt.

Das Aluminium hatte in der letzten Zeit vor dem Kriege bereits in beträchtlichem Maße Eingang als Baustoff im chemischen Apparatebau[23]) gefunden, wurde jedoch durch die herausgegebenen Beschlagnahmebestimmungen für den freien Verbrauch fast gänzlich ausgeschaltet. In welchem Maße es wieder Eingang finden mag, ist gegenwärtig noch nicht vorauszusehen, weil die Erzeugungsfrage nicht hinreichend geklärt ist. Sobald hinreichende Mengen zu annehmbaren Preisen zur Verfügung stehen, wird mit ihrer willigen Aufnahme seitens des Apparatebaues sicher gerechnet werden können, zumal es wegen seines geringen Gewichtes, seiner leichten Formgebungsmöglichkeit und chemischen Eigenschaften in mancher Hinsicht Vorteile bietet. Wie gesagt, bleibt Voraussetzung, daß es wieder preiswert auf den Markt kommt.

Seine technischen Daten sind: Zugfestigkeit 10—12 kg/qmm und zulässige Zugbelastung rund 2—3 kg/qmm.

Blei. Für dieses und die folgenden Metalle gilt das schon unter Aluminium in Absatz 1 Gesagte. Das Blei besitzt vorzugsweise hohe Bedeutung für die homogene Verbleiung bzw. Auskleidung chemischer Apparaturen, wird jedoch auch in Form seiner Legierungen (Hartblei) oder in reinem Zustande als Baustoff für Apparatwandungen, Armaturen, Schlangen usw. viel benutzt, besonders für Einrichtungen zur Verarbeitung gewisser Säuren, gegen deren Angriff es mehr oder weniger hohe Widerstandskraft besitzt.

Seine technischen Daten sind: Zugfestigkeit 1,25 kg/qmm und zulässige Zugbelastung 0,25 kg/qmm.

Zink, Zinn werden weniger als Grundbaustoff als zum

---

[23]) Siehe Chem. Apparatur **2,** 136 (1915): Löten von Aluminium. Ferner: O. Bechstein, Aluminium als Baustoff für Apparate der chemischen Industrie. Chem. Apparatur **3,** 17 (1916). Dr. Rohland, Neue Gärgefäße in Brauereien. Chem. Apparatur **3,** 65 (1916). W. Bergs, Zeitgemäße Flüssigkeitsbehälter für die Brauindustrie. Chem. Apparatur **3,** 5 (1916). Die Einwirkung der Salpetersäure auf Aluminium. Chem. Apparatur **4,** 45 (1917). O. Bechstein, Über das Metallspritzverfahren von Schoop und seine Bedeutung für die chemische Apparatur. Chem. Apparatur **5,** 105 (1918). Überziehen eiserner Bleche mit Aluminium. ETZ. **20,** 354 usf. (1914). P. Pikos, Aluminiumapparate, Ursache ihrer Zerstörung durch Kupfer auf galvanokatalytischer Grundlage. Zeitschr. angew. Chem. **27,** I, 152 (1914). Die Erfahrungen des letzten Jahres mit Aluminiumapparaturen. Chem. Trade Journ. **54,** 87 (1914).

Überziehen von aus anderen Metallen hergestellten Apparatwandungen benutzt (Verzinkung, Verzinnung); auch die Verwendung dieser Metalle in Legierungen mit Blei und Kupfer wäre hier zu erwähnen (z. B. kupferne Rohrböden mit etwa 2% Zinngehalt, Rohrböden aus Muntzmetall [Kupfer und Zink]).

Die technisch wichtigen Daten von Zink und Zinn sind: Zugfestigkeit 19 bzw. 3,5 kg/qmm und zulässige Zugbelastung 4 bzw. 0,7 kg/qmm.

Silber findet trotz seines hohen Preises vereinzelt als Baustoff im chemischen Apparatebau Verwendung, z. B. für Kühlschlangen und Übersteigrohre an den sogenannten Feinessigsäure-Destillierapparaten, ferner als galvanischer Überzug[24]) für Innenwandungen von Destillierapparaten für Fruchtsäfte, die Eisen, Kupfer und Zinn angreifen, also eine Färbung erleiden, ferner für photochemische Apparate usw.

Seine technisch wichtigen Daten sollen, weil bedeutungslos, an dieser Stelle übergangen werden.

Eisensiliziumguß, ein neueres Material, Schmiedeeisen mit etwa 16—20% Siliziumgehalt, das zuerst in Amerika und England für technische Verwendung hergestellt worden ist, und zwar in Amerika von der Duriron Castings Company, Dayton, Ohio, unter der Bezeichnung „Duriron" und in England von The Lennox Foundry Company Ltd., London S. E. unter der Bezeichnung „Tantiron". In Deutschland, wo der Eisensiliziumguß von etwa 7 Gießereien erzeugt wird, hat er erst kurz vor dem Kriege Eingang gefunden. Seine etwas ausgedehntere Verwendung wurde in der Hauptsache durch den Bedarf der Säureindustrien des Krieges angeregt bzw. gefördert. Auch in der Chemischen Apparatur[25]) wurde bereits von Ernst Golz über das Material berichtet. Es besitzt wohl hohe Widerstandsfähigkeit, insbesondere gegen Angriffe verschiedener Säuren, ist jedoch äußerst spröde und glashart, also sehr empfindlich gegen Stoß- und Wärmeeinflüsse und kann nur durch Schleifen mittels Karborundscheiben, nicht durch Drehen, Hobeln, Bohren, Feilen usw. bearbeitet werden. Ein Nachteil, der seiner Anwendung im Apparatebau sehr enge Grenzen zieht. Auch gießereitechnisch bietet die Herstellung des Siliziumgusses

---

[24]) Vgl. Vorrichtung zum Versilbern der Innenwandungen doppelwandiger Gefäße. Chem. Apparatur **2**, 15 (1915).

[25]) Über säurebeständige Eisensiliziumlegierungen und ihre Verwendung für chemische Apparate. Chem. Apparatur **4**, 145 usf. (1917).

mancherlei Schwierigkeiten, so daß verschiedene Gießereien mit einem Ausschußverhältnis von 50% und mehr rechnen. Die Auffindung einer zähen, leicht bearbeitbaren Metalllegierung, jedoch mit den chemischen Eigenschaften des Eisensiliziumgusses ausgestattet, wäre vom Standpunkte der chemischen Industrie ein großes Verdienst. Ob die Verwirklichung der Idee gelingen wird, muß die Zukunft erbringen. Es bedarf wohl nicht der Erläuterung, daß dieser Baustoff, das Siliziumeisen, für Dampffässer nicht in Frage kommt und auch wohl kaum jemals praktische Bedeutung erlangen dürfte. Die vielfach empfohlene Ummantelung von aus ihm hergestellten Apparaturen mittels schmiedeeisernen Gefäßen kann nur als ein Notbehelf angesehen werden, denn der Mangel bleibt immer noch, daß sich die maschinelle Bearbeitung des Eisensiliziumgusses auf das Schleifen beschränken muß.

c) Befahrbarkeit der Dampffässer.

Chemische, als Dampffässer geltende Apparate mit geschlossenem Beschickungsraum sind bei einem lichten Durchmesser von mehr als 800 mm besteigbar einzurichten. Ovale Mannlochverschlüsse sollen in der Regel 300—400 mm, runde 400 mm weit sein.

Wenn auch Apparate unter 800 mm lichter Weite nach den Bestimmungen nicht befahrbar sein müssen, so kann doch den Dampffaßbesitzern nur empfohlen werden, wenn irgend möglich, auch diese engeren Apparate im Innern zugänglich ausführen zu lassen. Denn diese können ebenfalls der Abnutzung durch Abrosten unterworfen sein und mangels der Möglichkeit einer inneren Besichtigung zu Unglücksfällen führen. Ein diesbezüglicher Fall ist auch in der Chemischen Apparatur[26]) vom Verfasser veröffentlicht worden; er mag als lehrreiches Beispiel dienen.

d) Verschlüsse an Dampffässern.

Hier interessieren vorzugsweise die Verschlüsse von Füll- und Entleerungsstutzen, Mannlöchern, und Beschickungsöffnungen größerer Abmessungen an Apparaten. Soweit es sich um runde oder ovale Öffnungen bis 250 mm größter Lichtweite handelt, z. B. Handlöcher mit Verschlußdeckeln, ist wegen des zulässigen Materials nicht Besonderes hervorzuheben, es kann, wie wir unter „Gußeisen“ in diesem Abschnitt bereits festgestellt hatten, unbedenklich Gußeisen

[26]) Explosion eines Knochenextrakteurs. Chem. Apparatur 2, 119 (1915).

verwendet werden: Alle größeren runden und ovalen Öffnungen nebst Verschlüssen und solche viereckigen Querschnitts jeder Größe an Dampffässern sind entweder aus Schmiedeeisen oder Stahlguß (Stahlformguß) herzustellen. Ein diesbezüglicher ministerieller Erlaß vom 4. Oktober 1904 besagt: „Gegen die Verwendung von Gußeisen zu Verschlußteilen an Dampffässern liegen so erhebliche Bedenken vor, daß ihrem Antrag selbst bei Herabsetzung des Druckes nicht entsprochen werden kann.“ Im übrigen sind diesbezüglich auch die unter „Gußeisen“ in diesem Abschnitt gebrachten Ausführungen zu beachten.

Lange Zeit hindurch war es üblich, gußeiserne Winkelringe als Deckelverschlußteile an Apparaten anzuwenden. Es bedarf nach unseren vorstehenden Erläuterungen keines weiteren Hinweises, daß für diese Zwecke Gußeisen unzulässig ist. Solche Winkelringe zu Verschlüssen stellt man gewöhnlich aus Stahlguß her, aber auch dieser hat sich wegen seiner schon betonten Porosität, obwohl nach den behördlichen Bestimmungen zulässig, für diese Zwecke als wenig empfehlenswert erwiesen und zu den folgenschwersten Unfällen geführt[27]). Für diese Zwecke können im Interesse verläßlicher Betriebssicherheit lediglich die sogenannten nahtlos gewalzten Winkelringe aus Flußeisen, wie sie die einschlägigen Walzwerke liefern, empfohlen werden. Infolge der erforderlichen Formgebung dieser nahtlosen Ringe auf maschinellem Wege (Einfräsen der Schraubenschlitze usw.), stellen sich dieselben naturgemäß entsprechend teurer, sie schließen aber die bei Stahlgußringen immer zu erwartenden Überraschungen sicher aus.

Überhaupt haben Verschlüsse an Dampffässern im Laufe der Jahre schon eine beträchtliche Anzahl von Betriebsunfällen hervorgerufen, und es kann deshalb deren sorgfältigste konstruktive Durchbildung nicht angelegentlichst genug empfohlen werden. Als besonders gefahrbringend haben sich z. B. die großen Verschlüsse an Kalksandsteinkesseln erwiesen.

Verschlüsse, die viel geöffnet werden müssen, führt man meist mit sogenannten Schlitzschrauben aus, die von entsprechend bearbeiteten Winkelringen getragen werden. Um diese Schlitzschrauben (Klappschrauben) gegen Abrutschen

---

) Vgl. P. Koch, Über Dampf- und Druckfässerverschlüsse. Zeitschr. f. Dampfk. u. Maschinenbetr. **36,** 76 (1913).

zu sichern, versieht man sie am besten mit starken, mit gewölbter Unterfläche versehenen Unterlegscheiben, die in entsprechende, am Flansch des Deckels befindliche Eindrehungen eingreifen. Die häufig angewandten Bügelverschlüsse mit Scharnieren dichten nur bei geringerer Druckbeanspruchung zuverlässig ab. Die Flanschen solcher Verschlüsse soll man hinreichend stark bemessen, damit sie der Biegungsbeanspruchung sicher widerstehen und insbesondere auch nicht einer Durchbiegung unterliegen.

Einseitige Hakenschrauben, auch wenn sie besonders gesichert sind, sind an Dampffaßverschlüssen unzulässig.

Viel zu betätigende Gewinde von Verschlußschrauben nutzen sich stark ab, weshalb sich in vielen Fällen die Anwendung besonders hoher Muttern empfiehlt.

Weiter ist in diesem Abschnitt noch einiges über Schrauben zu sagen; es soll unterschieden werden zwischen solchen für bearbeitete und solchen für unbearbeitete Flächen. Schrauben aus härtbarem Stahl sind unzulässig. Schwächere Schrauben als solche von 16 mm äußerem Durchmesser soll man tunlichst vermeiden; Schrauben unter 13 mm äußerem Durchmesser sind von der Verwendung ausgeschlossen.

Der Kerndurchmesser d der aus gutem Material (Schweißeisen oder Flußeisen) hergestellten Schrauben ist bei guter Bearbeitung der Auflageflächen und weichem Dichtmaterial aus der Formel zu bestimmen:

$$\text{(VI)} \qquad d = 0{,}45 \sqrt{P + 5}$$

und bei besonders günstigen Bedingungen:

$$\text{(VII)} \qquad d = 0{,}55 \sqrt{P + 5},$$

worin P die vom Schraubenkern aufzunehmende Druckbelastung in Kilogramm ist.

Wie wird nun P ermittelt?

Die erforderliche Abdichtung eines Deckelverschlusses gegenüber dem Betriebsdruck bedingt ein festes Zusammenpressen der Dichtflächen durch die Schrauben. Daher kann die Grenze der vom Druck getroffenen Fläche bestimmungsgemäß gleich dem l i c h t e n Durchmesser D_2 der Dichtflächen angenommen werden; nicht wie man vielfach irrtümlich glaubt, der mittlere Durchmesser der Dichtflächen oder gar des Schraubenkreises.

Bei p Atm. Betriebsdruck ist daher der Gesamtdruck P_1 auf die gedrückte Fläche in Kilogramm:

$$\text{(VIII)} \qquad P_1 = \frac{D_2 \cdot \pi \cdot p}{4}$$

Ist r der Halbmesser des Schraubenkreises oder Schraubenlochkreises, D_1 dessen Durchmesser, so sind auf den Umfang $D_1 \cdot \pi$ mit a mm Teilung n Schrauben anzuwenden, deren Einzelbelastung beträgt:

$$\text{(IX)} \qquad P = \frac{P_1}{n}.$$

Daraus können wir bilden:

$$\text{(X)} \qquad \pi \cdot D_1 = n \cdot a = 2 \cdot r \cdot \pi$$

und wir erhalten nunmehr die Schraubenanzahl n zu:

$$\text{(XI)} \qquad n = \frac{2 \cdot r \cdot \pi}{a}.$$

Und die Einzelbelastung jeder Schraube wie in (IX):

$$\text{(XII)} \qquad P = \frac{P_1}{n} = \frac{P_1 \cdot a}{2 \cdot r \cdot \pi} \text{ kg}.$$

Für die Erzielung gut dichtender Verschlüsse ist nun zu bedenken, daß der in (VIII) ermittelte Gesamtdruck P_1 die durch den im Gefäß vorhandenen Überdruck erzeugte Schraubenbelastung darstellt. Der von den Schrauben auf die Dichtfläche auszuübende Druck ist in Wirklichkeit größer, weil ja nicht nur der Druck P_1 aufzunehmen ist, sondern auch eine Abdichtung des Verschlusses erfolgen soll. Auf Lieferung einer soliden Bauart wertlegende Apparatebauanstalten werden daher den aus (VIII) ermittelten Wert von P_1 mit 1,25 multiplizieren, also praktisch $P_1 = P_1 \cdot 1{,}25$ setzen.

Eine derartige Berechnung von Apparat (Dampffaß-)verschlüssen sollte andererseits von allen Bestellern den Apparatebauanstalten zur Pflicht gemacht werden, wenn sie auch behördlicherseits nicht gefordert wird. Denn der best- und sicherst durchgebildete Apparat ist für den Unternehmer im Betriebe der vorteilhafteste. Im eignen Interesse der Besteller wäre es überhaupt zu wünschen, wenn sie bei Vergebung von Aufträgen nicht lediglich, wie es zuweilen geschieht, der chemischen Seite der Sache ihre Aufmerksamkeit widmen, sondern die verschiedenen Preisangebote auch vom Standpunkte der Ingenieure würdigen würden. Der einmalige Anschaffungspreis einer Apparatur sollte erst in letzter Linie den Ausschlag geben. In diesem Sinne anregend zu wirken, mag mit der Zweck dieser Ausführungen sein.

Mit Bezug auf Formel (VIII) erhalten wir alsdann:

$$(XIII) \qquad P_1 = \frac{D_2 \cdot p \cdot \pi}{4} \cdot 1{,}25,$$

und für Formel (IX):

$$(XIV) \qquad P = \frac{P_1}{n} \cdot 1{,}25.$$

Die nachfolgende, den Vorschriften entsprechende Schraubentabelle dürfte hier von Interesse sein.

Tabelle über Schraubenbelastung.

Äußerer Durchmesser und Kern der Schraube			Zulässige Belastung der Schraube	
			Koeffizient 0,45	Koeffizient 0,55
engl. "	mm	mm	kg	kg
$^1/_2$	12,70	9,98	122	82
$^5/_8$	15,88	12,93	310	208
$^3/_4$	19,05	15,80	576	386
$^7/_8$	21,23	18,62	916	613
1	25,40	21,34	1318	883
$1^1/_8$	28,57	23,93	1770	1185
$1^1/_4$	31,75	27,10	2412	1614
$1^3/_8$	34,92	29,51	2967	1986
$1^1/_2$	38,10	32,69	3786	2535
$1^5/_8$	41,27	34,77	4377	2930
$1^3/_4$	44,45	37,95	5361	3589
$1^7/_8$	47,62	40,41	6192	4145
2	50,80	43,59	7355	4922
$2^1/_4$	57,15	49,02	9569	6406
$2^1/_2$	63,50	55,37	12528	8387
$2^3/_4$	69,85	60,55	15237	10201
3	76,20	66,90	18923	12667

e) Armaturen.

Absperrventile. Alle unter die Dampffaßverordnung fallenden Apparate sind mit Vorrichtungen (Ventile, Schieber, Hähne) zu versehen, die es gestatten, jeden einzelnen für sich von der Dampfleitung abzusperren.

Sicherheitsventile. Dampffässer im Sinne der Dampffaßverordnung müssen ein zuverlässiges Sicherheitsventil besitzen, das durch den Inhalt des Beschickungsraumes nicht verschmutzt, vom Wärter leicht beobachtet und vom Dampffaß nicht absperrbar sein darf. Bei Erfordernis kann es auch in der Dampfleitung eingebaut sein. Mehrere Dampffässer mit gleichem Betriebsdruck können ein gemeinschaftliches Sicherheitsventil in der Dampfzuleitung erhalten.

Dampffässer, die mit dem vollen Druck des Betriebskessels arbeiten, benötigen kein Sicherheitsventil, weil der zugehörige Dampfkessel ja solches besitzt. Bei Dampffässern, die im Beschickungsraum mit mehr als 15 Atm. Überdruck arbeiten (Autoklaven), ebenso auch Zellstoffkocher, kann an Stelle des Sicherheitsventils ein Thermometer ergänzt durch eine Ablaßvorrichtung für Dämpfe oder Gase treten. Das Abzugsrohr der letzteren muß ins Freie geführt werden, wenn durch dieses Gefahr für den Wärter entstehen kann. Aus dem gleichen Grunde soll auch das Sicherheitsventil bei Bedarf ein solches Abzugsrohr erhalten.

Die lichte Weite der Sicherheitsventile soll allgemein derart sein, daß der festgestzte Betriebsdruck höchstens um $^1/_{10}$ Atm. seines Betrages überschritten werden kann; eine Vorschrift, der unseres Erachtens nicht immer Rechnung getragen werden dürfte. Nicht selten dürften die Sicherheitsventile zu klein im Querschnitt sein. Die Prüfung und Einstellung der Ventile erfolgt mittels Wasserdruck, in einzelnen Fällen wird auch eine Prüfung im Betriebe gefordert.

Das Sicherheitsventil soll in der Regel auf demjenigen Teil (Beschickungsraum oder Dampfmantel) sitzen, der den höchsten Betriebsdruck aufweist.

Verfasser kam es vor, daß von einzelnen Sachverständigen bei Dampffässern mit geschlossenem Beschickungsraum (z. B. Druckverdampfern) Sicherheitsventile sowohl für den Beschickungsraum wie für den Dampfmantel bzw. die Heizkammer gefordert wurden, obwohl eine dahingehende Bestimmung nicht besteht.

Zur Verringerung der Zahl der Anschlüsse wählt man im Apparatebau vielfach einen sogenannten Armaturstutzen am Dampfeingang des Dampffasses, an dem Absperrventil, Sicherheitsventil, Manometer und Probierhahn in gut übersichtlicher Weise angebracht werden können.

Manometer müssen gleichfalls an allen „Dampffässern“ vorhanden sein; sie können mit Einverständnis des überwachenden Sachverständigen bei leichtem Schadhaftwerden durch Thermometer ersetzt werden, auf denen die höchstzulässige Temperatur durch auffällige Marke auf der Skala zu bezeichnen ist. Thermometer an Stelle der Manometer sind indessen nur zulässig, falls nicht auch das Sicherheitsventil durch ein Thermometer ersetzt worden ist. Erscheint ein Thermometer nicht angebracht, dann sind 2 Manometer zwecks gegenseitiger Kontrolle zu verlangen.

Im Betriebe ist darauf zu achten, daß nicht auf Null zurückgehende Manometer möglichst ausgewechselt werden, hauptsächlich dann, wenn sie nacheilen.

Thermometer. Dieses kommt als Ersatz für Manometer und Sicherheitsventile nur für den Beschickungsraum geschlossener Apparate in Frage; es ist dann an einer Stelle anzubringen, wo voraussichtlich die höchste Temperatur herrschen wird. An Dampfmänteln offener Kocher ist es an Stelle von Sicherheitsventil und Manometer unzulässig.

Probierhähne. An jedem zu öffnenden Dampffaß muß ein Probierhahn angebracht sein, durch den mit Sicherheit feststellbar ist, ob sich noch Druck im Dampffaß befindet. Dieses bezieht sich auf den Beschickungsraum des Dampffasses, an dessen Dampfraum der Probierhahn sitzen soll.

Druckverminderungsventile (Dampfdruckreduzierventile). Dampffässer, deren Betriebsdruck um mehr als 2 Atm. geringer ist, als die Betriebsspannung des Dampferzeugers, müssen in der Dampfzuleitung ein Druckreduzierventil erhalten, das vom Sachverständigen so einzustellen ist, daß der Druck im Dampffaß nicht über den genehmigten steigen kann. Im Bedarfsfalle (z. B. wegen des Druckabfalles in langen Dampfleitungen zwischen Reduzierventil und Dampffaß) kann das Reduzierventil um die Hälfte des Unterschiedes zwischen dem Betriebs- und dem Probedruck des Dampffasses, jedoch höchstens bis zu 2 Atm. höher als der Betriebsdruck eingestellt werden. Bei Dampffässern mit indirekter Heizung kann von der Anwendung eines Reduzierventils abgesehen werden, wenn sie ein zuverlässiges Sicherheitsventil besitzen, das eine Drucküberschreitung von höchstens $^1/_{10}$ Atm. sichert.

Bei der Auswahl von Reduzierventilen ist vorsichtig zu verfahren, weil die verschiedenen Bauarten für diesen oder jenen Zweck mehr oder weniger gut geeignet sein können. Die Gefahr, daß bei vermindertem Dampfverbrauch ein Druckausgleich stattfindet, besteht vorzugsweise bei denjenigen Bauarten, bei welchen zwischen Hoch- und Niederdruckseite ein Kolbenventil eingeschaltet ist. Diejenigen

Bauarten, die mit Ein- oder Doppelsitzkegeln (entlastet) ausgebildet sind, welche durch einen gegen die Atmosphäre arbeitenden Regulierkolben oder eine Membrane gesteuert werden, besitzen meist den Vorzug größerer Betriebssicherheit. Man ziehe nötigenfalls fachmännische Beratung hinzu.

Kontrollanschluß. Alle überwachungspflichtigen Dampffässer müssen einen Anschluß für die Anbringung eines Kontrollmanometers besitzen. Diese Kontrollstutzen verbindet man gewöhnlich mit dem Manometerabsperrhahn zu einem Dreiweghahn. Für die Form des Kontrollflansches bestehen in den einzelnen Bundesstaaten besondere Vorschriften, die zu beachten sind. Z. B. schreiben Preußen und Bayern den bekannten ovalen Kontrollflansch vor, Sachsen ein $^1/_2$″ Whitworth-Innengewinde. Bei getrennter Anwendung von Kontrollhahn und Manometerhahn sollte letzterer stets mit einer Entlastungsöffnung versehen sein, derart, daß man jederzeit leicht untersuchen kann, ob das Manometerwerk bei eintretender Entlastung auf Null zurückgeht.

Bei Autoklaven (für höheren Druck) kann der Kontrollanschluß fortfallen, wenn im Betriebe ein Reservemanometer vorhanden ist, das nicht für Betriebszwecke Verwendung findet.

Da Zweifel darüber entstanden waren, welche Arten von Druckgefäßen als Autoklaven anzusehen seien, hat die Berufsgenossenschaft der chemischen Industrie folgende Erklärung abgegeben: „Die Berufsgenossenschaft versteht unter Autoklaven geschlossene Apparate, in denen der Inhalt durch Einwirkung einer Wärmequelle oder durch die chemische Reaktion des Inhalts selbst oder durch beides zugleich in erhöhte Temperatur oder erhöhte, unter Umständen sehr hohe Spannung versetzt wird, ohne daß die entwickelten Dämpfe oder Gase abgeführt werden. Da die Autoklaven in der Regel keine Sicherheitsventile besitzen, auch solche in den Unfallverhütungsvorschriften nicht gefordert sind, so müssen die Gefäßwandungen stark genug sein, die höchste möglicherweise entstehende Spannung mit Sicherheit auszuhalten. Für die Wahl des Materials der in den Betrieben der chemischen Industrie verwendeten Autoklaven ist hiernach nicht, wie bei Dampfkesseln, nur die Rücksicht gegen innere, sondern ebensosehr seine Widerstandsfähigkeit gegen die chemische Einwirkung des Gefäßinhalts maßgebend. Mit Rücksicht hierauf wird deshalb bei Apparaten für chemische Zwecke Gußeisen unter Umständen auch dann Verwendung finden, wenn es höheren Dampfspannungen zu widerstehen hat."

f) Fabrikschild. An jedem im Sinne der Dampffaßverordnung überwachungspflichtigen Apparat muß ein Fabrikschild mittels versenkt vernieteten Stiftschrauben (bei dünnwandigen Dampffässern mittels halb auf dem Mantel, halb auf dem Schild sitzenden Zinntropfen) befestigt, angebracht sein. Eine vorhandene Isolationshülle darf dasselbe nicht verdecken.

Dieses Schild muß folgende Angaben enthalten:

1. Name des Verfertigers,
2. Wohnort des Verfertigers,
3. Jahr der Herstellung,
4. Inhalt des Beschickungsraumes in Litern (bei geschlossenen Apparaten),
5. Höchster Betriebsdruck des Beschickungsraumes und des Dampfmantels (wenn ein solcher vorhanden ist) in Atmosphären Überdruck.

Die Schilder werden meist aus Bronze-, Messing- und Zink-, seltener aus Eisenguß, hergestellt.

In den Vorschriften der Berufsgenossenschaft der chemischen Industrie[3]) sind betreffend Ausrüstung der Dampffässer ebenfalls spezielle Bedingungen enthalten, die von den Apparatebauanstalten zu berücksichtigen sind; auch bestehen hier Vorschriften für die Ausrüstung von Nichtdampffässern (z. B. Preßluftbehältern), diese müssen mit Sicherheitsventil und Manometer nebst Kontrollflansch versehen sein.

4. Was ist betreffend Anlegung, Prüfung und Inbetriebsetzung von Dampffässern zu beachten?

a) Anmeldung neuer und alter Dampffässer. Eine Genehmigungspflicht wie bei Dampfkesseln liegt bei Dampffässern ohne Rücksicht auf ihre Größe nicht vor. Dampffässer sind nicht, wie vielfach irrtümlich angenommen wird, „konzessionspflichtig"; sie unterliegen nur einer Melde-, Prüfungs- und Überwachungspflicht; ebenso können sie allerorts ohne Genehmigung aufgestellt werden. Eine Änderung des Aufstellungsortes innerhalb desselben Betriebes bedingt keine erneuerte Prüfung, falls eine solche nicht

---

[3]) Unfallverhütungsvorschriften der Berufsgenossenschaft der chemischen Industrie. Zusammengestellt von Dr.-Ing. K. Hartmann, Geh. Regierungsrat, dem Werke: „Hartmann, Sicherheitseinrichtungen in chemischen Betrieben" entnommen. Leipzig 1911. Otto Spamer.

von dem zuständigen Sachverständigen, dem von einer Ortsveränderung Mitteilung zu machen ist, für nötig erkannt werden sollte. Auch Änderungen in dem Verwendungszweck eines Apparates bedingen ohne weiteres keine neue Prüfung. Die Meldungen sind vom Betriebsunternehmer bzw. dem Besitzer des Apparates zu bewirken.

Eine gleiche Anzeige ist erforderlich, wenn Dampffässer eine wesentliche Änderung der Bauart, der Größe oder Erhöhung des Betriebsdruckes erfahren sollen. Mit derartigen Meldungen sind auf vorschriftsmäßigen Vordrucken Beschreibungen nebst Zeichnungen, die eine rechnerische Prüfung der Bauteile des Apparates gestatten, in dreifacher Ausfertigung dem zuständigen Sachverständigen einzureichen, und zwar unter Bezeichnung des Aufstellungsortes. Mehrere Dampffässer gleicher Bau- und Betriebsart können unter Nennung ihrer Anzahl und Fabriknummer in einem Antrag behandelt werden. Beim Ankauf alter Dampffässer, insbesondere auch solcher aus anderen Bundesstaaten, kann nur zu Vorsicht geraten werden. Man wird gut tun, den zuständigen Sachverständigen (s. Frage 4c) zu Rate zu ziehen.

Besteller von unter die Dampffaßverordnung fallenden Apparaten lassen sich die vorschriftsmäßig ausgefüllten Beschreibungen nebst Zeichnungen am besten von den liefernden Apparatebauanstalten anfertigen, was wohl stets kostenlos erfolgen dürfte.

Nichtdampffässer sind nicht meldepflichtig auf Grund polizeilicher Bestimmungen, wohl aber in Betrieben der chemischen Industrie, in denen ihre Meldepflicht sich aus den Vorschriften der Berufsgenossenschaft ergibt: „Unfallverhütungsvorschriften für den Betrieb von Apparaten und Gefäßen unter Druck, welche den Bestimmungen für Dampffässer nicht unterliegen.“[3])

Nichtdampffässer (z. B. Preßluftbehälter) in Maschinenfabriken sind nicht meldepflichtig. Allerdings kann sich eine Meldepflicht für diese gegebenenfalls indirekt ableiten lassen aus § 16 Gew.-O., nach dem Fabriken (also auch deren Einrichtungen), in welchen Dampfkessel oder andere Blechgefäße, Röhren aus Blech durch Vernieten, eiserne Schiffe, eiserne Brücken oder sonstige eiserne Baukonstruktionen hergestellt werden, genehmigungspflichtig, somit auch meldepflichtig sind.

Durch dieses Genehmigungsverfahren gelangen die Gewerbeinspektionen (siehe unter Frage 4c) zur Kenntnis der beabsichtigten Aufstellung von Preßluftanlagen bzw. Behältern, für die sie dann Bauprüfung und Wasserdruckprobe und selbst interimistische Untersuchungen, also Überwachungspflicht ganz nach Befinden vorschreiben können. In Sachsen, wo man behördlicherseits nicht zwischen Dampffässern und Nichtdampffässern unterscheidet, sind alle „Druckgefäße“ vor der Inbetriebnahme einer Bauprüfung und Wasserdruckprobe zu unterwerfen.

Bei nachträglichem Einbau solcher Preßluftanlagen in schon genehmigte Betriebe der genannten Fachrichtung (Kesselschmieden usw.) würde deren Vorhandensein allerdings erst gelegentlich vorzunehmender allgemeiner Betriebsrevisionen durch die Gewerbeaufsichtsbeamten (Gewerbeinspektoren) festgestellt werden können (in Preußen). Allerdings sollten auch derartige Betriebsergänzungen durch den § 16 Gew.-O. in bezug auf Genehmigungspflicht erfaßt werden, was jedoch unseres Wissens nicht immer beobachtet wird.

Von chemischen Betrieben sind auf Grund des § 16 Gew.-O. genehmigungspflichtig: Schießpulverfabriken, Anlagen zur Feuerwerkerei und zur Bereitung von Zündstoffen aller Art (hierzu gehören auch die Sprengstoffe, flüssiges Azetylen, Zündhölzer); Gasbereitungs- und Gasbewahrungsanstalten, Anstalten zur Destillation von Erdöl, Anlagen zur Bereitung von Braunkohlenteer, Steinkohlenteer und Koks, sofern sie außerhalb der Gewinnungsorte des Materials errichtet werden, chemische Fabriken aller Art, Firnissiedereien, Leim-, Tran- und Seifensiedereien, Knochenbrechereien und Knochenbleichen, Poudretten- und Düngpulverfabriken, Asphaltkochereien und Pechsiedereien, soweit sie außerhalb der Gewinnungsorte des Materials errichtet werden, Kalifabriken und Anstalten zum Imprägnieren von Holz mit erhitzten Teerölen, Anlagen zur Herstellung von Zelluloid, Anlagen zur Destillation oder Verarbeitung von Teer und Teerwasser, Anlagen, in welchen aus Holz oder ähnlichem Fasermaterial auf chemischem Wege Papierstoff hergstellt wird (Zellulosefabriken), Anlagen, in welchen Albuminpapier hergestellt wird, und Anlagen zur Herstellung von Zündschnüren und von elektrischen Zündern.

b) Bauprüfung, Wasserdruckprobe, Inbetriebsetzung und Abnahmeprüfung.

Die Bauprüfung und Wasserdruckprobe neu erbauter Dampffässer von dem zuständigen Sachverständigen ausführen zu lassen, sollte der Besteller stets den Apparatebauanstalten vorschreiben, um sich von der Erfüllung dieser Formalitäten zu entbinden. Der Apparatebauanstalt stehen hierfür wohl immer die geeigneten Einrichtungen (Druckpumpen usw.) zur Hand, so daß sich die Ausführung der Bestimmungen hier sehr einfach gestaltet. Auch die Apparatebauanstalten sind an Vornahme der Druckprobe in ihrem Werk interessiert, weil dadurch etwa spätere Reklamationen, z. B. wegen Undichtheit, sogleich endgültig geklärt sind. Derartige Beschädigungen können bei Vorliegen des Druckprobeattestes nur während des Transportes entstanden sein, der aber zu Lasten des Bestellers erfolgt. Die Formulare (in dreifacher Ausfertigung) über erfolgte Prüfung sind nebst Qualitätsnachweis über die Beschaffenheit des verwendeten Materials dem Erbauer vom Besteller auszuhändigen.

Jeder als Dampffaß geltende Apparat ist nach der Verordnung einer Prüfung der Bauart und einer Wasserdruckprobe zu unterwerfen, wobei es bestimmungsgemäß gleichgültig ist, ob die Bedingung seitens des Erbauers oder des Bestellers erfüllt wird.

Auch für den Besteller ist das Verfahren der Druck- und Bauprüfung im Werk des Lieferanten von Vorteil. Denn er hat die Garantie, daß er einen geprüften, den behördlichen Anforderungen genügenden Apparat erhält, den er sogleich aufstellen, im Betriebe den Vorschriften gemäß einer immer am Aufstellungsorte vorzunehmenden Abnahmeprüfung unterziehen lassen, und den er, bei Erfolg dieser Abnahmeprüfung unverzüglich in Gebrauch nehmen kann. Über die erfolgte Abnahmeprüfung stellt der Sachverständige eine Bescheinigung aus.

Betreffend Druck- und Bauprüfung ist noch zu bemerken, daß diese am Aufstellungsorte zu wiederholen ist, wenn seit Vornahme derselben bereits mehr als ein Jahr verflossen war, ohne daß der Apparat in Betrieb genommen wurde, oder wenn das Dampffaß eine Beschädigung auf dem Transport erlitten hatte, die eine Wiederholung der Druckprobe geboten erscheinen läßt.

Die Wasserdruckprobe erfolgt bis zu 10 Atm. Betriebsdruck mit dem $1^1/_2$fachen Betrage des beabsichtigten Betriebsdruckes, mindestens aber mit 1 Atm. Mehrdruck, über 10 Atm. Überdruck mit einem Druck, der den Betriebsdruck um 5 Atm. übersteigt. Autoklaven sind mit dem zweifachen des beabsichtigten Betriebsdruckes zu prüfen.

Alle Bescheinigungen, und zwar:

1. Beschreibung nebst Zeichnung über die Anlegung eines (oder mehrerer) Dampffässer,
2. Bescheinigung nebst Zeichnung über Bauprüfung und Wasserdruckprobe (evtl. einschließl. Materialnachweis),
3. Bescheinigung über die Abnahmeprüfung eines Dampffasses,

werden von dem die Abnahmeprüfung des Apparates im Betriebe bewirkenden Sachverständigen einem Revisionsbuch vorgeheftet und dieses dem Besitzer ausgehändigt. Das zweite Exemplar der unter 1 bis 3 genannten Atteste sendet der Sachverständige der Ortspolizeibehörde zu, während das dritte komplette Exemplar bei den Akten des Sachverständigen verbleibt.

Beim Ankauf alter Dampffässer sollte der Besteller bzw. Käufer auch die Beibringung des Revisionsbuches fordern, das ihm über die Beschaffenheit der in Frage kommenden Apparate bestens Auskunft zu geben vermag.

Über erfolgte Hauptausbesserungen oder bauliche Veränderungen von Apparaten bzw. über die erforderliche Druckprobe nach einer solchen stellen die Sachverständigen ebenfalls Bescheinigungen aus.

Für alle diese Schriftstücke sind vorgeschriebene Mustervordrucke erhältlich[28]), und zwar:

1. „Beschreibung zur Anlegung eines Dampffasses." Druckverdampfer (Frage 1 n) sind als Dampfkessel zu genehmigen (Druckverdampfer sind also „konzessionspflichtig"!) unter Anwendung der erleichterten Bedingungen für Dampffässer. Für Druckverdampfer ist demnach das Formular zu verwenden: „Beschreibung zur Genehmigung einer Dampfkesselanlage."
2. „Bescheinigung über die Prüfung der Bauart und Wasserdruckprobe eines Dampffasses."
3. „Bescheinigung über die Wasserdruckprobe eines Dampffasses nach Hauptausbesserung."
4. „Bescheinigung über die Abnahmeprüfung eines Dampffasses, das mit einer der zugelassenen Einrichtungen zur Verhütung der Steigerung der Betriebsspannung über $^1/_2$ Atm. Überdruck versehen ist."
5. „Bescheinigung über die Abnahmeprüfung eines Dampffasses."
6. „Revisionsbescheinigung."

[28]) Bei Carl Heymanns Verlag, Berlin.

Für die chemische Industrie sind auch die in den Unfallverhütungsvorschriften der Berufsgenossenschaft für chemische Industrie enthaltenen Bestimmungen für Dampffässer und Nichtdampffässer zu berücksichtigen: sie können in dem schon genannten Buche von Hartmann[3]) eingesehen werden.

c) Zuständigkeit der Behörden und Sachverständigen.

Bei Neueinrichtung chemischer Betriebe sind die Anträge auf Genehmigung des Gewerbebetriebes im Sinne § 16 Gew.-O. bei der Ortspolizeibehörde zu stellen. Dem in dreifacher Ausfertigung einzureichenden Antrag auf Eröffnung des Genehmigungsverfahrens müssen in gleicher Anzahl die zur Erläuterung erforderlichen ausführlichen Zeichnungen über Gebäude und Einrichtungen, sowie eingehende Beschreibungen über die zu verarbeitenden Rohstoffe und deren Mengen, Lagerung der Rohstoffe, Halb- und Fertigfabrikate, Herstellungsverfahren und die anzuwendenden Apparaturen beigefügt werden. Die Ortspolizeibehörde gibt diese Unterlagen an die Gewerbeinspektion weiter, welche zur Beratung ihrerseits chemische Sachverständige hinzuzieht. Auch das Medizinalamt wird gehört. Nach Vollständigbefund der Unterlagen erfolgt einmalige Veröffentlichung im Amtsblatt mit der Aufforderung, etwaige Einwendungen gegen die neue Anlage binnen 14 Tagen anzubringen. Erfolgen von seiten der Anlieger keine Ansprüche, so tritt man behördlicherseits in die Bearbeitung des Gesuches ein, dessen Prüfung nach den Gesichtspunkten der bau-, feuer- und gesundheitspolizeilichen Vorschriften vorgenommen wird, wobei auch die hinsichtlich maschineller und apparativer Einrichtung zu erfüllenden Bedingungen festgesetzt und dem Unternehmer auferlegt werden. Das gleiche Verfahren ist für alle späteren Erweiterungen oder Ergänzungen der unter § 16 Gew.-O. genannten Fabrikbetriebe vorgesehen.

Für die Überwachung der Ausführung der für erforderlich erachteten Vorschriften, betreffend die hier interessierenden Einrichtungen ist dann die Gewerbeinspektion zuständig.

Der Beginn eines genehmigten Gewerbebetriebes ist der Ortspolizeibehörde anzuzeigen, ebenso ist auch die Aufnahme eines nicht genehmigungspflichtigen Betriebes meldepflichtig. Nach vorangegangener Meldung erfolgt behördlicherseits die Besichtigung und Abnahme des Betriebes durch Baupolizei, Gewerbeinspektion und Medizinalamt.

Die Gewerbeinspektion kann auf Grund § 120a Gew.-O. („Die Gewerbeunternehmer sind verpflichtet, die Arbeitsräume, Betriebsvorrichtungen, Maschinen und Gerätschaften [also auch chemische Apparate! Verf.] so einzurichten und zu unterhalten und den Betrieb so zu regeln, daß die Arbeiter gegen Gefahren für Leben und Gesundheit soweit geschützt sind, wie es die Natur des Betriebes gestattet.“) insbesondere auch Bauprüfungen, Druckproben und fortlaufende Untersuchungen von Nichtdampffässern (z. B. Preßluftbehältern), wenn es ihr geboten erscheinen sollte, anordnen.

Für die Vornahme aller vorgeschriebenen Bauprüfungen, Wasserdruckproben und laufenden Untersuchungen (siehe Frage 5), auch diejenigen der durch die Dampffaßverordnung bedingten, sind die örtlichen, staatlicherseits hierzu ermächtigten Dampfkesselüberwachungsvereine bzw. deren Ingenieure zuständig. An dieser Stelle ist auch die Meldung von der beabsichtigten Anlegung von Dampffässern unter Einreichung der unter Frage 4a und b genannten Beschreibungen zur Anlegung eines Dampffasses einzureichen.

Sofern die erste Bauprüfung und Druckprobe im Werke des Erbauers erfolgte, ist der Dampfkesselüberwachungsverein des betreffenden Bezirkes zuständig; die von ihm bzw. seinen Ingenieuren abgegebenen Atteste werden in den übrigen Bezirken bzw. Bundesstaaten ohne weiteres anerkannt. Die Abnahme eines Dampffasses im Betriebe hat stets durch den am Aufstellungsorte des Apparates zuständigen Ingenieur des Dampfkesselüberwachungsvereins zu erfolgen.

Auf Antrag kann auch der Berufsgenossenschaft die Überwachung der Anlagen ihrer Mitglieder übertragen werden, wovon seither jedoch noch kein Gebrauch gemacht worden ist. Ferner kann einzelnen Besitzern eine Eigenüberwachung ihrer Apparate zugestanden werden. Diese Eigenüberwachung hat man seither nur wenigen Firmen (etwa 5) im Deutschen Reiche zugestanden. Dahingehende Anträge haben nur Aussicht auf Erfolg, falls sich in einer Anlage wenigstens etwa 300 Dampffässer befinden, oder bei geringerer Anzahl auch dann, wenn sich unter den Apparaten Autoklaven befinden. Darüber sagt ein Erlaß des Min. f. H. u. G. vom 25. Juni 1901: „Bei den vor kurzem mit dem Vorstande der Berufsgenossenschaft der chemischen Industrie gepflogenen Verhandlungen über einheitliche Bestimmungen für Dampffässer ist von den Vertretern der chemischen Großindustrie, namentlich mit

Rücksicht auf die erforderliche ständige Überwachung der Autoklaven, der dringende Wunsch ausgesprochen worden, daß eigene Sachverständige der Fabriken auch dann zur Ausführung der laufenden Untersuchungen zugelassen werden möchten, wenn die Zahl der vorhandenen Dampffässer im Gegensatz zu den bisher dafür maßgebenden Grundsätzen nicht so groß sei (etwa 300), daß ein Ingenieur allein durch ihre Überwachung voll beschäftigt würde, sofern keine Bedenken gegen die Sachkunde der vorgeschlagenen Ingenieure und dagegen vorlägen, daß ihre Stellung genügend unabhängig sei. Dagegen sollten in solchen Fällen die Vorprüfung bei Anlegung neuer Dampffässer und deren Abnahmen von der zuständigen Gewerbeinspektion ausgeführt werden.

Ich habe keine Bedenken, diesem Wunsche, soweit Fabriken mit Autoklaven in Frage kommen, zu entsprechen, weil Autoklaven im allgemeinen nicht mit den vorgeschriebenen Sicherheitseinrichtungen, namentlich nicht mit Sicherheitsventil, versehen werden können und daher häufigere innere Besichtigungen, meist nach jeder Charge, benötigen. Diese müssen von den Fabriken schon im Interesse der eignen Sicherheit ohne Verzögerung ausgeführt werden.

Ich ermächtige Sie daher, in den vorgedachten Fällen entsprechend zu verfahren."

Die der Unfallverhütung halber von der Berufsgenossenschaft der chemischen Industrie über die Dampffässer ihrer Mitglieder ausgeübte Aufsicht gestattet, was zu beachten ist, nicht ihre Ausnahme von den Bestimmungen der Dampffaßverordnung.

Die genannte Berufsgenossenschaft bezeichnet als Sachverständige im Sinne ihrer Unfallverhütungsvorschriften:

1. die technischen Aufsichtsbeamten ihrer Institution,
2. diejenigen Gewerbeaufsichtsbeamten, denen die Prüfung von Dampfkesseln (nur in fiskalischen Betrieben! Verf.) obliegt,
3. die Bergrevierbeamten in den ihrer Aufsicht unterstellten Betrieben, die zur Vornahme amtlicher Druckproben in einem deutschen Bundesstaat ermächtigten Ingenieure (der Dampfkesselüberwachungsvereine! Verf.).

Bemerkt sei noch, daß für erste Prüfungen neuer und wesentlich veränderter Dampffässer, sowie für regelmäßige Prüfungen (Frage 5) die nötigen Arbeitskräfte und Vorrichtungen bereit zu stellen und die Kosten der Prüfungen (Gebühren) vom Unternehmer zu tragen sind.

In allen unseren Fragen handelt es sich um die Durchführung bzw. Auslegung gewerberechtlicher Bestimmungen von Gesetzeskraft. Über derartige Auslegung von Begriffen können verschiedene Ansichten bestehen, woraus sich ohne weiteres ergibt, daß in den dem Unternehmer behördlicherseits erteilten Bescheiden oder auferlegten Verfügungen gerichtliche Entscheidung beantragt werden kann. Es bleibt aber zu bedenken, daß sich der Unternehmer bei solchen dem Urteil von Juristen, d. h. von Nichtsachverständigen, aussetzt. Es ist trotz langjähriger eifriger Bestrebungen der Fachwelt noch nicht gelungen, solche Richtersprüche durch Chemiker und Ingenieure, also von Sachverständigen, verkünden zu lassen. Die Techniker, die Sachverständigen dürfen nur beraten, aber entschieden wird von Nichtsachverständigen.

Welche Ergebnisse dieses merkwürdige Verhältnis zeitigen kann, ist der Fachwelt hinlänglich bekannt. Es liegt noch gar nicht lange zurück, daß von einem Juristen in einem Falle der unbefugten, gesetzwidrigen Entnahme von elektrischer Energie der Richterspruch verkündet wurde: nach dem Strafgesetzbuch könne man nur Sachen stehlen und elektrischer Strom könne nicht als Sache im Sinne des St. G. B. betrachtet werden. Wie sträuben sich bei der Verkündung derartiger Erkenntnis dem Techniker die Haare! Denn er würde sicher nicht in dieser Weise nach Paragraphen urteilen, sondern die Gesetze in ihrer sinngemäßen Bedeutung anzuwenden bestrebt sein.

5. Was ist betreffend Betrieb und fortlaufende technische Untersuchungen der Dampffässer zu beachten?

Alle im Sinne der Dampffaßverordnung als Dampffässer geltenden chemischen Apparate sind einer fortlaufenden Überwachung durch die unter Frage 4 bezeichneten Sachverständigen unterworfen. Es soll alle 4 Jahre regelmäßig eine innere Untersuchung, und alle 8 Jahre eine Wasserdruckprobe, die mit der inneren Untersuchung möglichst zu verbinden ist, erfolgen. Es ist bei dieser Fristbemessung gleichgültig, ob ein Apparat fortlaufend oder mit Unterbrechung betrieben wird. Die innere Untersuchung kann nach Ermessen des Sachverständigen durch eine Wasserdruckprobe ergänzt werden; sie ist stets durch eine solche zu ersetzen bei Dampffässern, die ihrer Bauart halber (siehe Frage 3c) nicht im Innern besichtigt werden können.

Der Unternehmer ist von einer bevorstehenden Untersuchung oder Druckprobe mindestens 4 Wochen vorher zu benachrichtigen, und er hat zu dem vereinbarten Zeitpunkt dem Sachverständigen das gereinigte Dampffaß bereit zu stellen. Jede Prüfung bzw. deren Ergebnis vermerkt der sie ausübende Sachverständige im Revisionsbuch. Einmauerungen oder Isolierungen sind nach Angabe des Prüfenden evtl. zu entfernen.

Bei Anlagen, deren Betrieb zu gewissen Zeiten im Jahre ruht (z. B. Zuckerfabriken, Brennereien, Kartoffeltrocknereien usw.) sind die Untersuchungen in die Ruhezeit zu verlegen.

Autoklaven nehmen eine Sonderstellung ein; sie sind nach je 60 Chargen, mindestens jedoch nach Ablauf von je 4 Monaten innerlich zu besichtigen, gegebenenfalls auch in kürzeren Zeitabschnitten. Ihre regelmäßige Druckprobe ist mit dem zweifachen Betrage des höchsten Betriebsdruckes auszuführen. Auch für

Zellstoffkocher in Sulfitzellulosefabriken, die allgemein mit säurebeständigen Steinzeugplatten ausgekleidet zu werden pflegen, bestehen Sonderbestimmungen. Sie sind nur bei ganzer oder teilweiser, sich aus den Betriebsverhältnissen ergebender Entfernung der Auskleidung der Druckprobe zu unterwerfen. Regelmäßigen Untersuchungen durch die behördlichen Sachverständigen unterliegen sie nicht. Die Kocher sind jedoch längstens in Zwischenräumen von 4 Wochen durch einen von der Fabrikleitung vorzuschlagenden geeigneten Werksbeamten darauf zu untersuchen, ob Undichtheiten des inneren Schutzmantels eingetreten sind. Diese Untersuchungen bzw. deren Ergebnis ist ebenfalls im Revisionsbuch zu vermerken. Die genannten Werksbeamten bedürfen der Anerkennung durch den zuständigen Regierungspräsidenten.

Für Dampffässer, die besonderer Abnutzung im Betriebe unterworfen sind, können für die fortlaufenden Prüfungen kürzere Fristen festgesetzt werden.

Ergeben sich bei einer Untersuchung Mängel, so sind diese fristgemäß zu beseitigen und ihre Aufhebung dem Sachverständigen anzuzeigen. Ein diesbezüglicher Erlaß des Min. f. H. u. G. vom 4. März 1904 besagt: Die Sachverständigen haben darüber zu wachen, „daß die Fristen nicht unbeachtet ablaufen.

Weigert sich der Unternehmer oder sein mit der Leitung des Betriebes beauftragter Stellvertreter, die Mängel zu beseitigen, oder versäumt er auch nach erneuter Aufforderung die dafür festgesetzte Frist, so hat der Sachverständige die Ortspolizeibehörde um den Erlaß einer polizeilichen Verfügung zu ersuchen. Hierbei ist, wenn es sich um eine der Gewerbeaufsicht unterstehende Anlage handelt, das durch Ziffer 199 der Ausführungsanweisung zur Gewerbeordnung vom 1. Mai 1904 geregelte Verfahren sinngemäß zu beachten. Das Ersuchen ist daher in den gedachten Fällen durch die Hand des zuständigen Gewerbeinspektors an die Ortspolizeibehörde zu richten. Um das erforderliche Zusammenwirken der Gewerbeaufsichtsbeamten mit den Sachverständigen aufrecht zu erhalten, ist es andererseits erforderlich, daß diese von Anordnungen der Gewerbeaufsichtsbeamten gegenüber solchen Dampffaßanlagen Kenntnis erhalten, welche der Aufsicht der Dampfkesselüberwachungsvereine unterstellt sind. Die Gewerbeaufsichtsbeamten haben daher letzteren in den gedachten Fällen Abschrift ihrer Anordnungen zu übersenden. Diese sollen in der Regel nicht über den Rahmen der in der vorliegenden Polizeiverordnung getroffenen Bestimmungen hinausgehen. Zum Erlaß weitergehender Maßnahmen auf Grund der §§ 120a ff. der Gewerbeordnung ist vorgängig die Zustimmung des zuständigen Regierungspräsidenten einzuholen.

Ist eine dringende, das Leben oder die Gesundheit bedrohende Gefahr zu beseitigen, so ist die von den Sachverständigen zu erstattende Anzeige in allen Fällen unmittelbar an die Ortspolizeibehörde zu richten; sofern es sich dabei um eine der Gewerbeaufsicht unterstehende Anlage handelt, ist Abschrift dem zuständigen Gewerbeinspektor zu übersenden. Die Ortspolizeibehörde hat danach ohne Aufschub die erforderlichen Verfügungen zu erlassen und zur Ausführung zu bringen."

Explosionen überwachungspflichtiger Dampffässer sind unverzüglich dem für den betreffenden Bezirk zuständigen Gewerbeinspektor, dem die amtliche Untersuchung solcher Unfälle obliegt, und dem zuständigen Sachverständigen (Ingenieur des Dampfkesselüberwachungsvereins) anzuzeigen. Über solche Unfälle wird behördlicherseits eine Statistik geführt.

Dienstvorschriften für Dampffaßwärter, die auf Grund der Dampffaßverordnung erlassen worden sind, und die berufsgenossenschaftlichen Unfallverhütungsvorschriften für Dampffässer sind in jedem Apparateraum, in dem sich Dampffässer befinden, an sichtbarer Stelle auszuhängen.

Gebühren für Prüfungen der Dampffässer gehen zu Lasten des Unternehmers; ihre Beitreibung erfolgt, falls nötig, im Verwaltungsverfahren.

Die übrigen Bundesstaaten haben teils abweichende Vorschriften.

Bayern hat alljährlich eine äußere Revision und alle 3 Jahre eine innere, bei der dann die äußere fortfällt.

Württemberg und Baden wie Preußen.

Sachsen kennt weder äußere noch innere Untersuchungen noch Wasserdruckproben in bezug auf laufende Überwachung von Dampffässern. In einer neuen in Bearbeitung befindlichen Verordnung sollen derartige Überwachungen voraussichtlich aber vorgesehen werden.

Mecklenburg hat laufende Überwachung durch Prüfungen.

6. Wie werden Befreiungen von den Bestimmungen erwirkt und Zuwiderhandlungen bestraft?

Anträge auf Befreiung von den Bestimmungen der Dampffaßverordnung richtet man in Preußen für Einzelfälle an den zuständigen Regierungspräsidenten, für ganze Gattungen solcher Apparate an den Minister für Handel und Gewerbe, Berlin W 9, Leipziger Straße 2. In den übrigen Bundesstaaten ist entsprechend zu verfahren.

Zuwiderhandlungen gegen die Bestimmungen der Dampffaßverordnung werden mit Geldstrafen bis zu 60 Mk. (bzw. Haft), Zuwiderhandlung gegen § 16 Gew.-O. (siehe Frage 4c) mit Geldstrafen bis 300 Mk. (bzw. Haft). Zuwiderhandlungen gegen § 120a Gew.-O. (siehe Frage 4c) können je nach Sachlage auf Grund der §§ 222, 230—232 des St.G.B. (Bestimmungen über fahrlässige Tötung und Körperverletzung), § 309 (fahrlässige Brandstiftung), §§ 330 und 367 Abs. 14/15 (fehlerhafte oder vorschriftswidrige Leitung und Ausführung von Bauarbeiten), § 367 Abs. 5 (vorschriftswidrige Aufbewahrung und Behandlung feuergefährlicher Stoffe und Feuerstätten) und ferner §§ 368/369 (Nichtbeachtung vorgeschriebener Vorsichtsregeln gegen Feuersgefahr) geahndet werden. Alle derartige Fälle sind im Zusammenhange mit dem Betriebe chemischer Apparaturen (Dampffässer und Nichtdampffässer) sehr wohl möglich. Ferner sind wichtig die Bestimmungen des Haftpflichtgesetzes, welche die Entschädigungspflicht der Unternehmer festlegen, sofern durch ihr bzw. ihrer Bevollmächten, Repräsentanten, Betriebsleiter oder Aufseher Verschulden der Tod oder die Körperverletzung eines Menschen herbeigeführt worden ist. Auch die Arbeiter können bei zusammenhänglichen Vergehen entsprechend in Strafe genommen werden. —

In vorstehender Abhandlung haben wir die gewerberechtlichen Bestimmungen in ihrem Zusammenhange mit den chemischen Apparaturen umschreibend darzustellen versucht. Wir haben gesehen, in wie mannigfacher Weise die Gewerbegesetze nicht nur auf den Betrieb der Anlagen, sondern auch auf die Bauart und Anordnung von Apparaturen einzuwirken vermögen; ja sogar für die Wahl eines Verfahrens oder einer Konstruktion bestimmend werden können, wenn man alle Faktoren eines Fabrikationsprozesses zu restlos wirtschaftlicher Auswertung bringen will. Der im Fabrikbetriebe an leitender Stelle stehende Chemiker oder Ingenieur sieht sich dadurch vor eine Fülle von Aufgaben gestellt, deren befriedigende Bewältigung er ausschließlich durch völlige Hingebung, und mit vielseitiger Intelligenz ausgerüstet, zu erreichen vermag. Es erhellt hieraus, daß die Zahl der wirklichen Kandidaten für solche Posten, mehr noch, wie die der Stellungen, sehr klein sein dürfte.

Noch eins. Ein dringender Wunsch der Industrie kann nach der aus unserer Abhandlung erlangten Erkenntnis nur darauf gerichtet sein, für das gesamte Deutsche Reich ein einheitliches Dampffaßgesetz zu erhalten. Es wäre gewiß mit Freuden zu begrüßen, wenn dieser Gedanke bei der allgemeinen Neuordnung aller Dinge im Reiche greifbare Gestalt annehmen würde. Begründete Aussichten scheinen allerdings dafür zur Zeit leider noch nicht zu bestehen.

Spamersche Buchdruckerei in Leipzig.